Nadine Gasda

Verhinderung und Bekämpfung der Kontaminierung der Umwelt mit Isospora

Nadine Gasda

Verhinderung und Bekämpfung der Kontaminierung der Umwelt mit Isospora

Wirksamkeit und Verträglichkeit einer neuen kokzidioziden Suspension für Hunde und die Möglichkeit der Desinfektion

Südwestdeutscher Verlag für Hochschulschriften

Impressum/Imprint (nur für Deutschland/only for Germany)
Bibliografische Information der Deutschen Nationalbibliothek: Die Deutsche Nationalbibliothek verzeichnet diese Publikation in der Deutschen Nationalbibliografie; detaillierte bibliografische Daten sind im Internet über http://dnb.d-nb.de abrufbar.
Alle in diesem Buch genannten Marken und Produktnamen unterliegen warenzeichen-, marken- oder patentrechtlichem Schutz bzw. sind Warenzeichen oder eingetragene Warenzeichen der jeweiligen Inhaber. Die Wiedergabe von Marken, Produktnamen, Gebrauchsnamen, Handelsnamen, Warenbezeichnungen u.s.w. in diesem Werk berechtigt auch ohne besondere Kennzeichnung nicht zu der Annahme, dass solche Namen im Sinne der Warenzeichen- und Markenschutzgesetzgebung als frei zu betrachten wären und daher von jedermann benutzt werden dürften.

Coverbild: www.ingimage.com

Verlag: Südwestdeutscher Verlag für Hochschulschriften GmbH & Co. KG
Dudweiler Landstr. 99, 66123 Saarbrücken, Deutschland
Telefon +49 681 37 20 271-1, Telefax +49 681 37 20 271-0
Email: info@svh-verlag.de

Zugl.: Bonn, Rheinische Friedrich-Wilhelms Universität, Diss.,2009

Herstellung in Deutschland:
Schaltungsdienst Lange o.H.G., Berlin
Books on Demand GmbH, Norderstedt
Reha GmbH, Saarbrücken
Amazon Distribution GmbH, Leipzig
ISBN: 978-3-8381-2890-0

Imprint (only for USA, GB)
Bibliographic information published by the Deutsche Nationalbibliothek: The Deutsche Nationalbibliothek lists this publication in the Deutsche Nationalbibliografie; detailed bibliographic data are available in the Internet at http://dnb.d-nb.de.
Any brand names and product names mentioned in this book are subject to trademark, brand or patent protection and are trademarks or registered trademarks of their respective holders. The use of brand names, product names, common names, trade names, product descriptions etc. even without a particular marking in this works is in no way to be construed to mean that such names may be regarded as unrestricted in respect of trademark and brand protection legislation and could thus be used by anyone.

Cover image: www.ingimage.com

Publisher: Südwestdeutscher Verlag für Hochschulschriften GmbH & Co. KG
Dudweiler Landstr. 99, 66123 Saarbrücken, Germany
Phone +49 681 37 20 271-1, Fax +49 681 37 20 271-0
Email: info@svh-verlag.de

Printed in the U.S.A.
Printed in the U.K. by (see last page)
ISBN: 978-3-8381-2890-0

Copyright © 2011 by the author and Südwestdeutscher Verlag für Hochschulschriften GmbH & Co. KG and licensors
All rights reserved. Saarbrücken 2011

Aus dem Zoologischen Forschungsmuseum Alexander Koenig

Verhinderung und Bekämpfung der Kontaminierung der Umwelt mit Oozysten von *Isospora* spp.
(Apikomplexa, Coccidia);
Wirksamkeit und Verträglichkeit einer neuen kokzidioziden Suspension für Hunde und die Möglichkeit der Desinfektion.

Dissertation
zur
Erlangung des Doktorgrades (Dr. rer. nat.)
der
Mathematisch-Naturwissenschaftliche Fakultät
der
Rheinischen Friedrich-Willhelm-Universität Bonn

Vorgelegt von
Nadine Gasda, geb. Lüpke
aus
Frechen

Bonn, August 2009

Angefertigt mit Genehmigung der Mathematisch-Naturwissenschaftlichen Fakultät der
Rheinischen Friedrich-Wilhelms-Universität Bonn

1. Gutachter: Prof. Dr. M. Schmitt
2. Gutachter: Prof. Dr. J. W. Wägele
Tag der Promotion: 19. Januar 2010
Erscheinungsjahr: 2010

FÜR LEONIE

Inhaltsverzeichnis

1 **Einleitung** 1
2 **Literaturteil** 3
   2.1   Kokzidien allgemein 3
   2.2   Gattung *Isospora*, allgemein 3
   2.3   Die Kokzidien des Haushundes und ihre Bedeutung 6
        2.3.1   *Allgemein* *6*
        2.3.2   *Cryptosporidium spp.* *6*
        2.3.3   *Hepatozoon spp.* *6*
        2.3.4   *Sarcocystis spp.* *6*
        2.3.5   *Neospora caninum* *7*
        2.3.6   *Hammondia heydorni* *7*
        2.3.7   *Isospora spp.* *8*
   2.4   Entwicklungszyklus von *Isospora* spp. 9
        2.4.1   *Extraintestinale Entwicklung* *9*
        2.4.2   *Schizogonie* *9*
        2.4.3   *Gamogonie* *10*
        2.4.4   *Entwicklung über fakultative Zwischenwirte* *11*
   2.5   Gattung *Isospora*, die Arten 13
        2.5.1   *Artbeschreibung I. canis* *14*
        2.5.2   *Artbeschreibung I. ohioensis* *15*
        2.5.3   *Artbeschreibung I. burrowsi* *17*
        2.5.4   *Artbeschreibung I. neorivolta* *18*
   2.6   Bedeutung 18
   2.7   Klinik und Pathogenität 23
        2.7.1   *Klinik allgemein* *23*
        2.7.2   *Symptome* *24*
        2.7.3   *Pathologische Befunde* *24*
        2.7.4   *Pathogenität* *25*
   2.8   Diagnostik 25
        2.8.1   *Flotationsmethode* *25*
        2.8.2   *Fluoreszenzmikroskopie* *26*
        2.8.3   *Antikörpernachweis bei Kokzidieninfektionen* *26*
            2.8.3.1   Prinzip des indirekten Fluoreszenz Antikörpertests 27
   2.9   Prophylaxe 27
        2.9.1   *Widerstandsfähigkeit der Oozysten* *28*
        2.9.2   *Desinfektion* *28*
   2.10   Therapie 29
        2.10.1 *Sulfonamidgruppe* *29*
        2.10.2 *Amprolium* *31*
        2.10.3 *Spiramycin* *31*
        2.10.4 *Triazine* *31*
            2.10.4.1 Asymmetrische Triazine 31
            2.10.4.2 Symmetrische Triazine/Toltrazuril 32

2.11 Verträglichkeit von Miglyol 34
    2.11.1 Allgemeines 34
    2.11.2 Verträglichkeit von Miglyol bei Nagern 34
    2.11.3 Verträglichkeit von Miglyol bei Kaninchen 35
    2.11.4 Verträglichkeit von Miglyol und MCT bei Menschen 35
    2.11.5 Verträglichkeit von MCT bei Hunden 35
    2.11.6 Verträglichkeit von Miglyol bei Hunden 36

3 Ziel der Studien 37

4 Studienabfolge 37
    4.1 Etablierung des Infektionsmodells 37
    4.2 Verträglichkeitsstudien 37
    4.3 Wirksamkeitsstudien 37
    4.4 Desinfektionsmittelversuch 37

5 In-vivo-Studien, allgemeiner Versuchsaufbau 38
    5.1 Versuchstiere und Versuchstierhaltung 38
    5.2 Veterinärmedizinische Untersuchung, allgemeine Gesundheitsüberwachung und Verträglichkeitsuntersuchung 39
        5.2.1 Veterinärmedizinische Untersuchung 39
        5.2.2 Allgemeine Gesundheitsüberwachung 39
        5.2.3 Verträglichkeitsuntersuchung 39
    5.3 Kotprobennahme und koproskopische Untersuchungen 40
        5.3.1 Kotprobennahme 40
        5.3.2 Koproskopische Untersuchung 40
        5.3.3 Statistische Auswertung 41
            5.3.3.1 Wirksamkeitsberechnung 41
            5.3.3.2 Statistische Auswertung der Körpergewichte, Kotkonsistenz und Oozystenausscheidung 41

6 Etablierung des Infektionsmodells 42
    6.1 Ziel der Infektionsstudien 42
    6.2 Material und Methoden 42
        6.2.1 Gewinnung des Infektionsmaterials 42
        6.2.2 Infektion der Hunde 42
        6.2.3 Überprüfung des Infektionserfolgs 43
    6.3 Infektionsversuche mit *I. canis* 43
        6.3.1 Übersicht 43
        6.3.2 Versuch 1 43
            6.3.2.1 Material und Methoden 43
            6.3.2.2 Ergebnisse 44
            6.3.2.3 Diskussion 44
        6.3.3 Versuch 2 45
            6.3.3.1 Material und Methoden 45
            6.3.3.2 Ergebnisse 45
            6.3.3.3 Diskussion 46

6.3.4	*Versuch 3*	*47*
6.3.4.1	Material und Methoden	47
6.3.4.2	Ergebnisse	47
6.3.4.3	Diskussion	48
6.3.5	*Versuch 4*	*48*
6.3.5.1	Material und Methoden	48
6.3.5.2	Ergebnisse	49
6.3.5.3	Diskussion	50
6.3.6	*Versuch 5*	*51*
6.3.6.1	Material und Methoden	51
6.3.6.2	Ergebnisse	51
6.3.6.3	Diskussion	52
6.3.7	*Versuch 6*	*52*
6.3.7.1	Material und Methoden	52
6.3.7.2	Ergebnisse	53
6.3.7.3	Diskussion	54
6.4	Infektionsversuche mit *I. ohioensis*-Komplex	54
6.4.1	*Übersicht*	*54*
6.4.2	*Versuch 1*	*55*
6.4.2.1	Material und Methoden	55
6.4.2.2	Ergebnisse	55
6.4.2.3	Diskussion	56
6.4.3	*Versuch 2*	*57*
6.4.3.1	Material und Methoden	57
6.4.3.2	Ergebnis	57
6.4.3.3	Diskussion	58
6.4.4	*Versuch 3*	*59*
6.4.4.1	Material und Methoden	59
6.4.4.2	Ergebnisse	59
6.4.4.3	Diskussion	60
6.5	Infektionsversuch mit Mischinfektion	60
6.5.1	*Material und Methoden*	*60*
6.5.2	*Ergebnisse*	*61*
6.5.3	*Diskussion*	*62*
6.6	Zusammenfassung	62
7	**Verträglichkeitsstudien**	**66**
7.1	Ziel der Studie	66
7.2	Material und Methoden	66
7.2.1	*Allgemeines Studiendesign*	*66*
7.2.2	*Zusammensetzung der Suspensionen*	*66*
7.3	Verträglichkeitsstudie 1	66
7.3.1	*Material und Methoden*	*66*
7.3.2	*Ergebnisse*	*67*
7.3.3	*Diskussion*	*67*
7.4	Verträglichkeitsstudie 2	67
7.4.1	*Material und Methoden*	*67*
7.4.2	*Ergebnisse*	*68*
7.4.3	*Diskussion*	*68*

7.5 Verträglichkeitsstudie 3 68
   7.5.1 Material und Methoden 68
   7.5.2 Ergebnisse 69
   7.5.3 Diskussion 70

7.6 Verträglichkeitsstudie 4 71
   7.6.1 Material und Methoden 71
   7.6.2 Ergebnisse 71
   7.6.3 Diskussion 73

7.7 Zusammenfassung 73

8 Wirksamkeitsstudien 75

8.1 Material und Methoden 75
   8.1.1 Allgemeines Studiendesign 75

8.2 Wirksamkeitsstudie 1 75
   8.2.1 Material und Methoden 75
      8.2.1.1 Allgemeines Studiendesign 75
      8.2.1.2 Veterinärmedizinische Untersuchung, Allgemeine Gesundheitsüberwachung und Verträglichkeitsuntersuchung 76
      8.2.1.3 Körpergewichte 76
      8.2.1.4 Koproskopische Untersuchungen 76
   8.2.2 Ergebnisse 77
      8.2.2.1 Veterinärmedizinische Untersuchung, allgemeine Gesundheitsüberwachung und Verträglichkeitsuntersuchung 77
      8.2.2.2 Körpergewichte 77
      8.2.2.3 Koproskopische Befunde 78
      8.2.2.4 Wirksamkeit 80
   8.2.3 Diskussion 81
      8.2.3.1 Veterinärmedizinische Untersuchung, Allgemeine Gesundheitsüberwachung und Verträglichkeitsuntersuchung 81
      8.2.3.2 Körpergewichte 81
      8.2.3.3 Kotkonsistenz 81
      8.2.3.4 OpG und Wirksamkeit 82

8.3 Wirksamkeitsstudie 2, 3 und 4 83
   8.3.1 Material und Methoden 83
      8.3.1.1 Allgemeines Studiendesign 83
      8.3.1.2 Randomisierung 83
      8.3.1.3 Verblindung 83
      8.3.1.4 Veterinärmedizinische Untersuchung, allgemeine Gesundheitsüberwachung und Verträglichkeitsuntersuchung 83
      8.3.1.5 Körpergewichte 84
      8.3.1.6 Koproskopische Untersuchung 84
      8.3.1.7 Wirksamkeitsberechnung der therapeutischen Behandlung 84

8.4 Wirksamkeitsstudie 2 85
   8.4.1 Allgemeines Studiendesign 85
      8.4.1.1 Ergebnisse 85

8.4.2 Diskussion *92*
    8.4.2.1 Veterinärmedizinische Untersuchung, allgemeine Gesund-
    heitsüberwachung und Verträglichkeitsuntersuchung 92
    8.4.2.2 Körpergewichte 92
    8.4.2.3 Kotkonsistenz 93
    8.4.2.4 OpG und Wirksamkeit 93

8.5   Wirksamkeitsstudie 3 94
    8.5.1 Material und Methoden *94*
    8.5.2 Ergebnisse *95*
        8.5.2.1 Veterinärmedizinische Untersuchung, Allgemeine
        Gesundheitsüberwachung und Verträglichkeitsuntersuchung 95
        8.5.2.2 Körpergewichte 96
        8.5.2.3 Koproskopische Befunde 97
        8.5.2.4 Wirksamkeit 101
    8.5.3 Diskussion *102*
        8.5.3.1 Veterinärmedizinische Untersuchung, allgemeine
        Gesundheitsüberwachung und Verträglichkeitsuntersuchung 102
        8.5.3.2 Körpergewichte 102
        8.5.3.3 Kotkonsistenz 103
        8.5.3.4 OpG und Wirksamkeit 103

8.6   Wirksamkeitsstudie 4 104
    8.6.1 Material und Methoden *104*
        8.6.1.1 Allgemeines Studiendesign 104
    8.6.2 Ergebnisse *105*
        8.6.2.1 Veterinärmedizinische Untersuchung, allgemeine
        Gesundheitsüberwachung und Verträglichkeitsuntersuchung 105
        8.6.2.2 Körpergewichte 107
        8.6.2.3 Koproskopische Befunde 108
        8.6.2.4 Wirksamkeit 112
    8.6.3 Diskussion *113*
        8.6.3.1 Veterinärmedizinische Untersuchung, allgemeine
        Gesundheitsüberwachung und Verträglichkeitsuntersuchung 113
        8.6.3.2 Körpergewichte 114
        8.6.3.3 Kotkonsistenz 114
        8.6.3.4 OpG und Wirksamkeit 114

8.7   Zusammenfassung Wirksamkeitsstudien 115

9   Desinfektionsmittelversuch 117

9.1   Material und Methoden 117
9.2   Ergebnisse 117
9.3   Diskussion 118

10   Zusammenfassung 119

11   Summary 121

12   Anhang 123

Literaturverzeichnis 136

Verzeichnis verwendeter Abkürzungen

BW	body weight
Da	Dalton
ER	Endoplasmatisches Retikulum
GCP	Good Clinical Practice
ICS	internal transcribed spacer
I. ohio	*Isospora ohioensis*-Komplex
KG	Körpergewicht
MCT	Mittelkettige Triglyceride
OpG	Oozysten pro Gramm Kot
PAS	Periodic-acid-Schiff-Reaction
ST	Studientag
Tiernr.	Tiernummer
VICH	International Cooperation on Harmonization of Technical Requirements for the Registration of Veterinary Medicinal Products
W.A.A.V. P.	World Association for the Advancement of Veterinary Parasitology

1 Einleitung

Isospora spp. sind fakultativ zweiwirtig parasitär lebende Protozoen aus dem Stamm der Alveolata, Unterstamm Apikomplexa (DUBEY, 1975b; NEMESÉRI, 1960; SCHNIEDER, 2006; SHAH, 1970). Sie verbreiten sich hauptsächlich auf fäkaloralem Wege, oder durch den Verzehr von infizierten Zwischenwirten (BRÖSIKE et al., 1982; DUBEY und MEHLHORN, 1978; HEINE, 1981; MARKUS, 1976; PINCKNEY et al., 1993). Beim Hund kommenden die Arten *Isospora canis* (*I. canis*) und die Arten des *I. ohioensis*-Komplexes vor. Welpen infizieren sich meist schon in den ersten Lebenswochen durch Kontakt zum Fäzes der infizierten Mutter oder durch Oozystenaufnahme aus der Umgebung (HOSKINS et al., 1982; KIRKPATRICK und DUBEY, 1987; VISCO et al., 1977). Bei Welpen kann die Kokzidiose zu Durchfällen bis hin zur schweren Enteritis führen (BECKER, 1980; CONBOY, 1998; JUNKER und HOUWERS, 2000; MITCHELL et al., 2007; OLSON, 1985). In Zwingeranlagen und in der großbetrieblichen Hundezucht ist die Isosporose-Problematik am größten und es sind ein Großteil der Tiere befallen, die sich immer wieder an exogenen Stadien der Umgebung reinfizieren (GOTHE und REICHLER, 1990a; GOTHE und REICHLER, 1990b). Deshalb ist es in Problembetrieben extrem wichtig durch gezielte Behandlung der Tiere und regelmäßige Desinfektion die Kontaminierung der Umwelt einzudämmen. Als wirksam stellte sich Toltrazuril heraus, dass nicht nur die Oozystenausscheidung verhindert, sondern auch die Krankheitssymptome lindert (DAUGSCHIES et al., 2000; LLOYD und SMITH, 2001; MEHLHORN et al., 1988; REINEMEYER et al., 2007; ROMMEL et al., 1986). Oozysten sind sehr widerstandsfähig, als wirksame Desinfektionsmittel gelten Neopredisan® (STRABERG und DAUGSCHIES, 2007) und Preventol® (DAUGSCHIES et al., 2002), die allerdings bisher nur gegen andere Kokzidienarten (*I. suis* bzw. *Eimeria tenella*) getestet wurden. Für den Mensch sind Hundekokzidien nicht infektiös (BRAHM, 2009; INPANKAEW et al., 2007; KATAGIRI und OLIVEIRA-SEQUEIRA, 2008; MARTINEZ-MORENO et al., 2007; TIYO et al., 2008; UNRUH et al., 1973).

Ziel der Arbeit war es zu untersuchen, ob durch die medikamentöse Behandlung infizierter Haushunde mit einer neuen kokzidioziden Suspension die Kontaminierung der Umwelt mit Oozysten von *Isospora* spp. verhindert werden kann. Hierzu wurde zunächst ein Infektionsmodell erstellt und die Verträglichkeit der neuen toltrazurilhaltigen Suspension auf Miglyol- bzw. Sonnenblumenölbasis überprüft.
Danach wurden 100 Beaglewelpen experimentell mit *Isospora* spp. infiziert und mit 10 bzw. 20 mg/kg KG (mg pro kg Körpergewicht) Toltrazuril während der Präpatenz oder Pa-

tenz behandelt. Wirksamkeitskriterium war die Oozystenausscheidung der behandelten Tiere gegenüber den un- oder placebobehandelten Kontrolltieren.

Des Weiteren wurde die Möglichkeit der Desinfektion einer bereits kontaminierten Umgebung mit Neopredisan® und Remedor in einem in-vitro-Versuch getestet. Hierzu wurde eine *Isospora* spp.-Oozystensuspension mit 4 % Neopredisan® oder 4 % Remedor bzw. Wasser als Kontrolle in einer Mikrotiterplatte vermischt. Nach ein, zwei, vier, sechs und acht Stunden wurden die Oozysten ausgezählt und die Wirksamkeit der Desinfektionsmittel anhand der Oozystenreduktion gegenüber den Kontrollen berechnet.

Durch eine erfolgreiche Behandlung infizierter Hunde und der Möglichkeit einer effektiven Desinfektion könnte die Kontaminierung der Umwelt mit sporulierten Oozysten von *Isospora* spp. verhindert werden oder zumindest der Infektionsdruck für Hunde gering gehalten werden. Dies würde auch den klinischen Verlauf der Infektion positiv beeinflussen.

2 Literaturteil

2.1 Kokzidien allgemein

Die Coccidia werden im Allgemeinen als Ordnung der Sporozoa geführt (LEVINE, 1973; LEVINE et al., 1980; LEVINE, 1988; LEVINE und IVENS, 1981). Es handelt sich um ausnahmslos parasitisch lebende Einzeller, die in der Regel intrazellulär in höheren Tieren leben. Gemeinsames Merkmal ist der Apikalkomplex, ein Penetrierungsorganell, womit der Parasit in die Wirtszelle eindringen kann. Zahlreiche Krankheitserreger gehören zu den Coccidia, z.B. die Malaria-Erreger *Plasmodium vivax, P. ovale, P. malariae* und *P. falciparum* sowie *Toxoplasma gondii*, der Auslöser der Toxoplasmose (PIEKARSKI, 1989).

Das erste Kokzidium wurde 1674 von Loewenhoek in einem Kaninchen entdeckt (LEVINE, 1988). Seither sind bei vielen Tieren Kokzidien im Kot nachgewiesen worden. Anhand der Anzahl von Sporozysten und Sporozoiten, der Oozystenmorphologie und des Entwicklungszyklus werden sie in verschiedene Gattungen eingeteilt (DUBEY, 1977; DUSZYNSKI et al., 2000; ECKERT et al., 2000; MEHLHORN, 2008; MODRY et al., 2001B).

LEVINE und IVENS (1981) listeten 248 verschiedene Spezies der Gattung Isospora auf, die in der Literatur erwähnt worden waren. Seither wurden etliche neue Isospora-Arten beschrieben oder in den Fäzes von noch nicht untersuchten Wirten gefunden (DOLNIK et al., 2009; FIORELLO et al., 2006; MODRY et al., 2004; MODRY und JIRKU, 2006; PRASAD, 1961; TRACHTA E SILVA EA et al., 2006; YABSLEY et al., 2009). Außerdem wurden viele Spezies beschrieben, die in verschiedenen Wirten parasitieren. Jedoch zeigten experimentelle Übertragungsversuche auf die verschiedenen Wirtstiere, dass es sich um mehrere Arten handeln muss (TUNG et al., 2007). Da nichts Genaueres über die Biologie der gefundenen Arten und ihr Wirtsspektrum bekannt ist, wird sich die Anzahl an beschriebenen *Isospora*-Arten immer wieder ändern.

2.2 Gattung *Isospora*, allgemein

Kokzidien wurden schon in Tieren aus unterschiedlichen Tierklassen gefunden. Arten der Gattung *Isospora* parasitieren nicht nur in Säugetieren, sondern auch in anderen Wirbeltieren. So wurden mehrere *Isospora*-Spezies in karpfenartigen Fischen gefunden (BELOVA und KRYLOV, 2006). Des Weiteren sind *Isospora*-Arten in Laubfröschen (MODRY et al., 2001b), Schildkröten (LAINSON et al., 2008), Chamäleons (MODRY et al., 2001a; SLOBODA und MODRY, 2006), Geckos (LEINWAND et al., 2005; MODRY et al., 2004) und verschiedenen Vögeln nachgewiesen worden.

BALICKA-RAMISZ et al. (2007) fanden starken Kokzidienbefall bei verschiedenen Papageienarten in Zuchtbetrieben und Zoogeschäften und rieten zur Kokzidienprävention. Jeweils über 50 % der untersuchten Tiere schieden Eimerien oder *Isospora* spp. aus. *I. mehlhornii* wurde bei 12,3 % einer Population ägyptischen Schwalben gefunden (ABD-AL-AAL et al., 2000). Auch in verschiedenen Singvögeln (Oscines) (DE CARVALHO FILHO et al., 2005; DOLNIK, 2006; MARTINAUD et al., 2008) und Finken (Fringillidae) (GRYCZYNSKA et al., 1999; HORAK et al., 2006; TRACHTA und SILVA et al., 2006) wurden Kokzidien der Gattung *Isospora* gefunden.

In Säugetieren wurden *Isospora*-Arten unter anderem in Dromedaren (*Camelus dromedarius*) (BORNSTEIN et al., 2008), Tapiren (CRUZ et al., 2006), Pfeifhasen (LYNCH et al., 2007), Fledermäusen (MCALLISTER und UPTON, 2009), Dachsen (NEWMAN et al., 2001), Löwen (SMITH und KOK, 2006) und verschiedenen Zootiergruppen wie Artiodactyla, Diprotodontia und Carnivora (PEREZ et al., 2008) nachgewiesen. Auch in Igeln kommen Parasiten dieser Gattung vor (EPE et al., 1993; EPE et al., 2004).

Große Bedeutung kommt dem Erreger der Saugferkelkokzidiose *I. suis* zu. Er befällt sowohl Wildschweine (KUTZER und HINAIDY, 1971) als auch Hausschweine (MEYER et al., 1999; NIESTRATH et al., 2002). Die Kokzidiose bei Ferkeln ist in der Massentierhaltung trotz hoher hygienischer Standards problematisch und kaum einzudämmen (MUNDT et al., 2005; SOTIRAKI et al., 2008). In kleinen Betrieben mit vergleichbaren hygienischen Standards ist dagegen die Kokzidiose kaum verbreitet (POLOZOWSKI et al., 2007).

Im Menschen parasitiert das Kokzidium *I. belli*. Nach LINDSAY et al. (1997) ist es aber nur bei Immunsupprimierten pathogen, wie zum Beispiel bei AIDS- Patienten (BRANTLEY et al., 2003). TRAUB et al. (2002) glauben *I. belli* ebenfalls in Hunden gefunden zu haben, dies konnte jedoch bisher nicht bestätigt werden.

In vielen Karnivoren wurden ebenfalls Kokzidien der Gattung *Isospora* diagnostiziert, so unter anderem in Polarfüchsen (*Alopex lagopus*) (AGUIRRE et al., 2000; SKIRNISSON et al., 1993), Rotfüchsen (BLEDSOE, 1976; BLEDSOE, 1976) und Fenneks (*Vulpes zerda*) (PRASAD, 1961). Die gefundenen Kokzidien wurden nur als *Isospora* spp. beschrieben und nicht genauer spezifiziert. In von KIRKOVA et al. (2006) untersuchten wildlebenden Schakalen und in von ASANO et al. (1997) untersuchten Marderhunden (*Nyctereutes procyonoides viverrinus*), die im Yokohama Kanazawa Zoo lebten, wurden *Isospora* spp. gefunden. PEREZ et al. (2008) untersuchten Kotproben von verschiedenen Zootieren, so unter anderem auch vom Rotfuchs und von zwei Unterarten des Wolfes (*Canis lupus hudsonicus* und *Canis lupus signatus*). Sie fanden in den Fäzes der Tiere sowohl *Isospora* spp. als auch Kokzidien, die keiner Gattung zugeordnet waren.

Ob die im Haushund vorkommenden Kokzidien-Arten auch bei Wildkarnivoren auftreten, ist nicht genau erforscht. DUBEY (1976) konnte *Sarcocystis cruzi* in Wölfen, Füchsen, Kojoten, Waschbären und Haushunden nachweisen. Jedoch gelten *Sarcocystis*-Arten auch als nicht so wirtsspezifisch wie Arten der Gattung *Isospora* (FAYER, 1978).

In Kojotenkot gefundene Kokzidien-Arten wurden von ARTHER und POST (1977) und THORNTON et al. (1974) als die ebenfalls im Haushund vorkommende Art *I. ohioensis* identifiziert. Auch gelang es, verschiedene *Isospora*-Arten von Wildkarnivoren auf Haushunde und umgekehrt zu übertragen. So infizierte BLEDSOE (1976) erfolgreich Haushunde mit dem Kokzidium vom Silberfuchs *I. vulpina* und TADROS und LAARMAN (1976) geben sowohl Silberfuchs als auch Haushund als Wirt für dieses Kokzidium an. Auch experimentelle Infektionen von Kojoten und Hunden mit *I. canis* (LOEVELESS und ANDERSON, 1975) und *I. ohioensis* (DUNBAR und FOREYT, 1985) gelangen.

Ob die im Hund vorkommenden *Isospora* Arten auch im Wolf parasitieren, ist nicht bekannt. MECH und KURTZ (1999) beschrieben einen Fall von Kokzidiose in Wölfen. Drei Wolfswelpen hatten blutigen Kot, geringes Körpergewicht und verendeten. Im Darmepithel wurden verschiedene Entwicklungsstadien von *Isospora* spp. gefunden. Eine bakterielle oder virale Erkrankung schlossen MECH und KURTZ (1999) aus. Ob es sich bei den von MECH und KURTZ (1999) und PEREZ et al. (2008) in Wölfen gefundenen Kokzidien-Arten um eine der aus dem Haushund bekannten *Isospora*-Spezies handelt, ist nicht beschrieben. Davon ist allerdings auszugehen, da der Hund die domestizierte Form des Wolfes ist und keine eigene Spezies bildet (SAETRE et al., 2004; VILA et al., 1997; ZIMEN, 2005). Außerdem befallen auch andere sehr wirtsspezifische Parasiten wie z.B. *Toxocara canis* sowohl Wolf als auch Hund und es gibt keinerlei Unterschiede in der Parasitenfauna (BAGRADE et al., 2009; GUBERTI et al., 1993; HARALABIDIS et al., 1988; HO et al., 2006; KLOCH et al., 2005; KLOCH und BAJER, 2003; MIRZAYANS et al., 1972; MOKS et al., 2006; POPIOLEK et al., 2007; SEGOVIA et al., 2001; SEGOVIA et al., 2003; VANPARIJS et al., 1991).

Weiterhin ist von anderen Eimeriina bekannt, dass sie sowohl die Haustier- als auch die Stammform einer Art befallen. So wurde zum Beispiel *I. suis* bei Wild- und Hausschweinen (KUTZER und HINAIDY, 1971; NIESTRATH et al., 2002) und *Eimeria* spp. bei Wild- und Hausrindern nachgewiesen (DUBEY et al., 2008; FABER et al., 2002; JAGER et al., 2005a; PENZHORN et al., 1994; USAROVA, 2008).

Daher ist anzunehmen, dass die vier für den Haushund beschriebenen *Isospora*-Arten auch bei Wölfen vorkommen.

2.3 Die Kokzidien des Haushundes und ihre Bedeutung

2.3.1 Allgemein

Im Haushund wurden viele verschiedene Kokzidien-Spezies gefunden. Die Arten der Gattung *Isospora* sind für den Hund am pathogensten (PELLEDRY, 1974). Manchmal werden im Hundekot auch Eimerien gefunden. DUBEY (2009) ist jedoch der Meinung, dass diese Spezies nicht in Hunden parasitieren und dass sie durch Darmpassage in den Hundekot gelangt.

2.3.2 *Cryptosporidium* spp.

Mehrere Spezies der Gattung *Cryptosporidium* wurden im Hund gefunden, unter anderem auch das humanpathogene *Cryptosporidium parvum* (SUNNOTEL et al., 2006).
Die taxonomische Stellung von Cryptosporidien ist umstritten, zur Zeit werden sie noch der Unterklasse Coccidia zugeordnet, jedoch unterscheiden sie sich von anderen Kokzidien, da sie zwar Sporozoiten haben, diese jedoch frei in der Oozyste liegen und keine Sporozysten vorhanden sind (FAYER und XIAO, 2008, Seite 2).
Cryptosporidien werden auf fäkaloralem Wege übertragen. Wird eine Oozyste von einem geeigneten Wirt aufgenommen, werden die vier Sporozoiten frei und befallen die Mikrovilli der Darmepithelzellen. Dort durchlaufen sie mehrere Schizogonien oder bilden durch Gamogonie neue Oozysten, die dann wiederum mit dem Kot ausgeschieden werden (FAYER und XIAO, 2008, Seite 4; SUNNOTEL et al., 2006).

2.3.3 *Hepatozoon* spp.

Zwei *Hepatozoon*-Spezies parasitieren im Hund. Der Erreger hat einen obligat zweiwirtigen Entwicklungszyklus mit dem Hund als Endwirt und der Zecke als Zwischenwirt. Er parasitiert nicht im Darm des Hundes sondern in den Erythrozyten und wird von der Zecke mit einer Blutmahlzeit aufgenommen. Verschluckt ein Hund eine infizierte Zecke, so wird er seinerseits infiziert. Die klinischen Symptome sind unspezifisch wie gestörtes Allgemeinbefinden, Fieber, Gewichtsabnahme und Lymphknotenschwellung (SCHNIEDER, 2006).

2.3.4 *Sarcocystis* spp.

Die Kokzidien der Gattung *Sarcocystis* haben einen zweiwirtigen Entwicklungszyklus (ROMMEL, 1978). Die Oozysten werden bereits sporuliert ausgeschieden und von den Zwischenwirten mit der Nahrung aufgenommen. Im Zwischenwirt kommt es zur ungeschlechtlichen Vermehrung und schließlich zur Zystenbildung. Wird eine Zyste vom Endwirt mit einer Fleischmahlzeit aufgenommen, durchläuft *Sarcocystis* spp. in dessen Darm Schizogonie und Gamogonie. Die sporulierten Oozysten werden dann wieder mit dem Kot ausgeschieden (MEHLHORN, 2008; ROMMEL, 1975). Im Hund werden bis zu 21 *Sarcocystis*-Arten beschrieben (DUBEY, 2009), die alle verschiedene Zwischenwirte haben, wie zum Beispiel Schaf, Schwein, Rind, Hirsch oder Kamel (MEHLHORN, 2008; ROMMEL, 1975; SHIMURA, 1990). Die *Sarcocystis*-Arten sind für den Endwirt apathogen. Für Zwischenwirte sind sie nur dann pathogen, wenn sie große Mengen Sporozysten aufnehmen, z.b. durch kontaminierte Futtermittel oder Tränken (SCHNIEDER, 2006).

2.3.5 *Neospora caninum*

Neospora caninum ist ein Parasit mit dem Hund und verwandten Kaniden als Endwirt und Rindern, aber auch Schafen, Pferden und Ziegen als Zwischenwirt. Die unsporulierten Oozysten werden vom Endwirt ausgeschieden und sporulieren binnen 24 Stunden. Wird eine sporulierte Oozyste von einem Zwischenwirt aufgenommen, vermehrt sich der Parasit dort ungeschlechtlich und bildet schließlich Zysten. Wie sich Hunde wiederum infizieren, ist noch nicht vollständig geklärt. Der Hauptübertragungsweg ist sicher der Verzehr von infizierten Tieren, jedoch schlossen DUBEY et al. (2007) auch pränatale und laktogene Infektionswege nicht aus.

Bei jungen Hunden kann *Neospora caninum* Lähmungserscheinung und Muskelschwund der Hintergliedmassen verursachen. Beim Zwischenwirt Rind verläuft die Krankheit apathogen. Ist jedoch eine trächtige Kuh mit *Neospora caninum* infiziert, so kann ein Abort in der frühen Trächtigkeitsphase ausgelöst werden, oder die Kälber kommen lebensschwach oder tot auf die Welt (SCHNIEDER, 2006).

2.3.6 *Hammondia heydorni*

Hammondia heydorni hat einen zweiwirtigen Entwicklungszyklus, wobei der Haushund Endwirt ist, aber auch Zwischenwirt sein kann. Unsporulierte Oozysten werden vom Endwirt ausgeschieden und entwickeln sich zur tetrazoiden Sporozysten, die von einem Zwischenwirt oral aufgenommen werden. Diese bilden im Muskelgewebe Zysten, die dann wieder mit einer Fleischmahlzeit vom Endwirt aufgenommen werden (FAYER, 1978). Zwischenwirte können ebenfalls Hunde, Rind, Schaf, Ziege sowie einige Cervidae, Kamele, Pferde, Kaninchen oder Meerschweinchen sein. Die Infektion verläuft sowohl für Zwischen- als auch Endwirte in der Regel apathogen (SCHNIEDER, 2006).

2.3.7 Isospora spp.

Alle *Isospora*-Arten werden auf fäkaloralem Wege übertragen. Die sporulierten Oozysten haben zwei Sporozysten mit je vier Sporozoiten und lassen sich dadurch morphologisch von anderen Gattungen der Eimeriina unterscheiden.

Vier Arten der Gattung *Isospora* die im Hund parasitieren sind bisher beschrieben: *I. canis* (NEMESÉRI, 1960), *I. ohioensis* (DUBEY, 1975b), *I. burrowsi* (TRAYSER und TODD, JR., 1978) und *I. neorivolta* (DUBEY und MAHRT, 1978). Teilweise wird an der Validität der Erstbeschreibung von *I. neorivolta* (DUBEY und MAHRT, 1978) gezweifeln und somit teilweise nur drei *Isospora*-Arten beim Hund genannt (ROMMEL und ZIELASKO, 1981; SCHNIEDER, 2006).

Systematik
Reich: Protozoa
    Stamm: Alveolata
        Unterstamm Apikomplexa (syn. Sporozoa)
            Klasse: Coccidea
                Unterklasssse: Eucoccidia
                    Ordnung: Eimeriida
                        Familie: Eimeriidae
                            Gattung: *Isospora*
                                Art z.B.: *I. ohioensis*

(SCHNIEDER, 2006)

Heute wird teilweise der Gattungsname *Cystoisospora* für *I. ohioensis*, *I. burrowsi* und *I. canis* benutzt (FRENKEL, 1974). FRENKEL (1974) traf diese Unterscheidung, da sich diese drei Kokzidien-Spezies auch über fakultative Zwischenwirte verbreiten können. BARTA et al. (2005) geben für alle *Isospora*-Arten in Säugetieren den Gattungsnamen *Cystoisospora* an, da sie keine Stieda-Körper haben. Der Gattungsname *Isospora* sollte nur für die bei Vögeln vorkommenden Arten verwendet werden, da diese Stieda-Körper besitzen (BARTA et al., 2005).

In dieser Arbeit wird der immer noch gebräuchlichere Gattungsname *Isospora* verwendet.

SAMARASINGHE et al. (2008) verglichen die ICS1 (internal transcribed spacer) Sequenzen von *I. suis*, *I. belli*, *I. rivolta*, *I. felis* und *I. ohioensis*-Komplex mit denen der Gattungen *Eimeria*, *Sarcocystis*, *Neospora* und *Toxoplasma* und kamen zu dem Schluss, dass *Isospora*-Arten phylogenetisch *Toxoplasma gondii*, *Neospora caninum* und *Sarcocystis* spp. näher stehen, als den Eimerien.

2.4 Entwicklungszyklus von *Isospora* spp.

Der Entwicklungszyklus zeichnet sich durch mehrere Schizogonien sowie Gamogonie und exogene Sporogonie aus. Alle *Isospora*-Arten vermehren sich intrazellulär (LINDSAY und BLAGBURN, 1991). Der Entwicklungszyklus ist einwirtig oder, bei *I. ohioensis*, *I. burrowsi* und *I. canis*, auch fakultativ zweiwirtig (MEHLHORN, 2008).

2.4.1 Extraintestinale Entwicklung

Oozysten werden unsporuliert mit dem Kot eines infizierten Wirtes ausgeschieden und gelangen so ins Freie (MEHLHORN, 2008).

Um infektiös zu werden, müssen sie erst sporulieren (BECKER, 1980; KIRKPATRICK und DUBEY, 1987).

Zunächst vergrößern sich die Oozyste und der Sporont etwas. Der Zellkern der Oozyste teilt sich meiotisch und die Chromosomen wandern zu den entgegengesetzten Polen des Sporonten (CANNING und ANWAR, 1968; CORNELISSEN und OVERDULVE, 1985; DEL et al., 2005). Dort werden zwei haploide Tochterkerne gebildet, die in einem Furchungsstadium verharren, bis zwei Sporoblasten gebildet sind (BAEK et al., 1993). In jedem Sporoblasten teilt sich der Zellkern weiterhin mitotisch, bis zwei Sporozysten mit je vier Sporozoiten entstehen. Jeder Sporozoit beinhaltet einen Zellkern und den Apikalkomplex. Jede Oozyste hat demnach im sporulierten Zustand zwei Sporozysten und insgesamt acht Sporozoiten mit Zellkern (BAEK et al., 1993). Bis zur Exzystierung im Darm verharren die Sporozoiten in den Sporozysten (SPEER et al., 1973). Eine bestimmte Anordnung der Sporozoiten innerhalb der Sporozysten konnte nicht festgestellt werden (TRAYSER und TODD, JR., 1978).

DUBEY und FAYER (1976) beobachteten, dass die Oozysten einer Kokzidien-Art des *I. ohioensis*-Komplexes bei 30 bis 36 °C am schnellsten sporulieren und bereits nach zwölf Stunden infektiös sind. Bei Temperaturen über 40 °C und unter 20 °C wird die Sporulation der Oozysten jedoch gehemmt (LINDSAY und BLAGBURN, 1994). Außerdem ist die Sporulationsfreudigkeit der Kokzidien von Luftfeuchtigkeit und Sauerstoffangebot abhängig (LINDSAY et al., 1997).

2.4.2 Schizogonie

Nimmt ein geeigneter Wirt sporulierte Oozysten auf, so werden sie im Darm des Wirtes angedaut und die Oozystenhülle löst sich auf. So stellten SPEER et al. (1973), TOYAMA et al. (1982) und KRIJGSMAN (1926) fest, dass sich bei Kontakt mit Trypsin und Gallensaft die Oozystenhüllen auflösen und die Sporozoiten befreit werden. Stieda-Körper, die das Öffnen der Sporozysten unterstützen, wurden bei den *Isospora*-Arten des Hundes nicht entdeckt (HOSSE, 2004; LINDSAY et al., 1997). Die nun befreiten Sporozoiten gelangen ins Darmlumen. Sie sind bananenförmig und enthalten einen Apikalkomplex aus Conoid, Rhoptrien und Mikronemen, einen mittigen Zellkern und Kristallkörper im hinteren Drittel (BOCH et al., 1981). Sie sind beweglich und können aktiv in die Darmzellen des Wirtes eindringen (BOCH et al., 1981; KRIJGSMAN, 1926), ohne die Zellmembran der Wirtszelle zu zerstören. Sie liegen dann in einer doppelten Hülle aus Wirtszellmembran und der eigenen Pellikula-Schicht und wandeln sich dort zu kugelförmigen Trophozoiten um (EUZEBY, 1980; JENSEN und EDGAR, 1978). Die durch Endodyogenie zu Schizonten heranwachsenden Trophozoiten enthalten viele einkernige Merozoiten (LINDSAY et al., 1997). Nach einigen Tagen entlassen die rupturierten Schizonten die Merozoiten ins Darmlumen (DUBEY, 1978b; LEPP und TODD, JR., 1974). Die Merozoiten können dann andere Darmzellen befallen und weitere Schizogoniezyklen werden durchlaufen (DUBEY und FAYER, 1976; LEPP und TODD, JR., 1974; MAHRT, 1967; TRAYSER und TODD, JR., 1978).

Über die Schizonten der zweiten und dritten Generation gibt es widersprüchliche Angaben. TRAYSER und TODD, JR. (1978) beschreiben sie als größer als die der ersten Generation. DUBEY (1978a) hingegen beschreibt nur zwei verschiedene Schizontentypen, von denen der eine etwas schlankere Merozoiten enthält. LEPP und TODD, JR. (1974) berichten hingegen, dass bei *I. canis* die Schizonten der ersten Generation größer seien als die der zweiten Generation. Des Weiteren wurde berichtet, dass die Merozoiten in Schizonten der zweiten Generation nicht so eng beieinander liegen (DUBEY und FAYER, 1976; ROMMEL und ZIELASKO, 1981; TRAYSER und TODD, JR., 1978).

Alle *Isospora*-Arten durchlaufen mehrere Schizogoniezyklen (DUBEY et al., 1978), bei *I. canis* wurden drei (LEPP und TODD, JR., 1974) und bei *I. burrowsi* und *I. ohioensis* zwei (LINDSAY et al., 1997; TRAYSER und TODD, JR., 1978) nachgewiesen.

2.4.3 Gamogonie

Ist der erste Schizogoniezyklus vollendet, bilden einige Merozoiten bereits erste Geschlechtsstadien. Nachdem der Merozoit in eine Wirtszelle eingedrungen ist, kugelt er sich ab und eine parasitophore Vakuole wird gebildet. Conoid und Pellikula-Schichten werden reduziert und ein ovaler Gamont entsteht (BOCH et al., 1981; DUBEY, 1978a; DUBEY, 1979; DUBEY und FAYER, 1976; DUBEY und MAHRT, 1978; FAYER und MAHRT, 1972; HEYDORN et al., 1975; LEPP und TODD, JR., 1974; LINDSAY et al., 1997; MAHRT, 1967).

In den männlichen Mikrogamonten entstehen durch mitotische Teilung und Ansiedlung der Kerne in der Peripherie viele begeißelte Mikrogameten mit je einem Zellkern. Die Mikrogameten entwickeln ihre langgestreckte Form, was dem gereiften Mikrogamonten seine

Form gibt (BOCH et al., 1981; DUBEY, 1978a; TODD und ERNST, 1979). Mikrogameten besitzen ein Flagellum und können sich so aktiv in Richtung des Makrogamonten bewegen (DUBEY, 1978a).

Der weibliche Makrogamont ist durch eine dreifache Pellikula begrenzt und liegt in einer parasitophoren Vakuole (BOCH et al., 1981; HILALI et al., 1979). Er besitzt einen großen Zellkern mit Karyoplasma und Nukleolus und granuläres Zytoplasma (DUBEY, 1978a). Mit zunehmender Reifung erlangt er eine ovoide Form (LEPP und TODD, JR., 1974; TRAYSER und TODD, JR., 1978).

Männliche und weibliche Geschlechtsprodukte sind zur gleichen Zeit reif. Die spermienartigen, begeißelten Mikrogameten verlassen die Zelle und verschmelzen in-situ mit dem Makrogamont zu einer Zygote (KIRKPATRICK und DUBEY, 1987). Dabei entstehen um den Kern mantelartige Gebilde mit Kernsubstanz. Die beiden Pellikula-Membranen des Mikrogameten und Makrogamonten verschmelzen und Polysaccharid-Grana, Hüllbildungskörper und Lipide nehmen in der entstandenen Zygote zu (BOCH et al., 1981). Um die nun diploide Zygote entsteht eine dicke, farblose Wand. Die rupturierte Wirtszelle entlässt die so entstandene Oozyste ins Darmlumen und sie wird mit dem Kot ausgeschieden (HOSSE, 2004; KIRKPATRICK und DUBEY, 1987).

Mehrere Merozoiten können die gleiche Wirtszelle befallen. So kommt es vor, dass ein Wirtszelle sowohl Schizonten als auch Mikro- und Makrogamonten beherbergt (LINDSAY et al., 1997). Die Gamogonie findet in denselben Darmabschnitten und Zellschichten wie die Schizogonie statt, diese unterscheiden sich aber je nach Kokzidien-Art (DUBEY, 1978a; LEPP und TODD, JR., 1974; MAHRT, 1967; ROMMEL und ZIELASKO, 1981; TRAYSER und TODD, JR., 1978).

2.4.4 Entwicklung über fakultative Zwischenwirte

Neben der direkten Entwicklung können bei *I. canis*, *I. ohioensis* und bei *I. burrowsi* in die Entwicklung auch fakultative Zwischenwirte eingeschaltet sein (DUBEY und MEHLHORN, 1978; HEINE, 1981; ROMMEL und ZIELASKO, 1981). Ob auch *I. neorivolta* extraintestinale Stadien in nicht spezifischen Wirten ausbilden kann, ist nicht geklärt.

Nach der oralen Aufnahme und Exzystierung der Oozysten dringen die Sporozoiten in die Darmzellen des Zwischenwirtes ein. Dort verbleiben sie jedoch nicht, sondern wandern durch die Darmwand hindurch und befallen extraintestinale Organe (LINDSAY und BLAGBURN, 1994). JENSEN und EDGAR (1978) haben beobachtet, wie Sporozoiten in vitro in Kulturzellen von Rindern eindringen, diese dann aber auch wieder verlassen. BOCH et al.

(1981) nehmen an, dass sie lymphogen oder hämatogen zu den Organen gelangen, die sie später befallen, vollständig geklärt ist dieser Vorgang jedoch noch nicht. Vor allem werden Mesenteriallymphknoten, Leber, Milz, Skelettmuskulatur und Gehirn befallen (LINDSAY et al., 1997). Darüber, ob eine Vermehrung der Kokzidien in den paratenischen Zwischenwirten stattfindet, gibt es widersprüchliche Angaben. LINDSAY und BLAGBURN (1994) sprechen von bis zu 15 Parasiten in einer infizierten Wirtszelle. MITCHELL et al. (2009) konnten diese Angaben jedoch nicht bestätigen, da sie nur monozoitische Zysten fanden.

Die Merozoiten liegen halbmondförmig, umgegeben von einer dicken Zystenhülle in einer parasitophoren Vakuole in der Wirtszelle (MITCHELL et al., 2009). Typische Organellen der Sporozoiten wie Polysaccharid-Granula, Kristallkörper und auch ein Apikalkomplex wurden beschrieben (MITCHELL et al., 2009).

Die extraintestinalen Stadien von *Isospora* spp. werden als Dormozoiten bezeichnet, weil sie in einem Ruhestadium im Zwischenwirt verweilen (BRÖSIKE et al., 1982; MARKUS, 1976). Die Zysten können mehrere Jahre im Zwischenwirt überleben (BODE, 1999).

Als paratenische Wirte kommen verschiedenste Spezies in Frage. Der Hund kann sowohl als Zwischen- als auch als Endwirt fungieren (DUBEY, 1975a; LINDSAY et al., 1997). In diversen Nagetieren (Maus, Ratte, Hamster) wurden Dormozoiten nachgewiesen (DUBEY, 1975a; DUBEY und MEHLHORN, 1978; HIEPE, 1983), genauso wie in Kaninchen (DUBEY, 1975a; HILALI et al., 1992). Ebenso gelangen Kokzidieninfektionen durch das Verfüttern von Katzen-, Kamel- und Schaffleisch an Hundewelpen (DUBEY, 1975a; HILALI et al., 1992; HILALI et al., 1995). Auch konnte nach dem Verzehr von Schweinefleisch eine patente Infektion bei Hunden ermittelt werden, der Verzehr von Esel und Büffelfleisch führte jedoch nur zu sporadischer Oozystenausscheidung (SHIMURA, 1990; ZAYED und EL-GHAYSH, 1998).

Durch befallenes Fleisch induzierte Infektionen zeichnen sich durch eine kürzere Präpatenz aus. Oozystenausscheidung und sonstiger Infektionsverlauf unterscheiden sich nicht von Infektionen, die durch Inokulation von Oozysten induziert wurden (DUBEY und MEHLHORN, 1978; KIRKPATRICK und DUBEY, 1987). Das infizierte Gewebe von paratenischen Zwischenwirten ist für andere Zwischenwirte nicht infektiös (DUBEY, 1979).

Aufgrund der Tatsache, dass sich manche *Isospora*-Arten auch über Zwischenwirte ausbreiten können, schufen DUBEY (1977) und FRENKEL (1974) für diese Spezies die Gattungsnamen *Levineia* bzw. *Cystoisospora*.

2.5 Gattung *Isospora*, die Arten

Wie viele *Isospora*-Arten im Hund parasitieren, ist noch nicht vollständig geklärt. Vier verschiedene Arten sind beschrieben: *I. canis* (NEMESÉRI, 1960), *I. ohioensis* (DUBEY, 1975b), *I. burrowsi* (TRAYSER und TODD, JR., 1978) und *I. neorivolta* (DUBEY und MAHRT, 1978). Die letzten drei Arten lassen sich anhand der Oozystenmorphologie kaum voneinander unterscheiden und werden deshalb als *I. ohioensis*-Komplex zusammengefasst (ECKERT et al., 2000; LINDSAY et al., 1997; LÖSCHER et al., 1997; ROMMEL und ZIELASKO, 1981) Außerdem gibt es Zweifel an der Validität der Erstbeschreibung von *I. neorivolta* (ROMMEL und ZIELASKO, 1981; SCHNIEDER, 2006)

Eine Übersicht über die Oozystengröße, Präpatenz- und Patenzzeit gibt die nachfolgende Tabelle.

Tab. 1: Oozystengröße, Präpatenz und Patenz der beim Hund vorkommenden *Isospora*-Arten

		I. ohioensis-Komplex		
	I. canis	*I. ohioensis*	*I. burrowsi*	*I. neorivolta*
Oozysten-größe [µm]	35-40x28-32 (BOURDOISEAU, 1993)	20-27x15-25 (BOURDOISEAU, 1993)	17-24x16-21 (DUBEY, 1975b; TRAYSER und TODD, JR., 1978)	13-15x11-13 (BOURDOI-SEAU, 1993)
Präpatenz (Tage) Infektion durch Oozysten	8-12 (BECKER, 1980; BUEHL et al., 2006)	4-7 (BAEK et al., 1993; DUBEY, 1978b)	6-9 (ROMMEL und ZIELASKO, 1981)	6 (BOURDOI-SEAU, 1993)
Präpatenz (Tage) Infektion durch Dormozoiten	3-9 (ROMMEL et al., 2000B; ZAYED und EL-GHAYSH, 1998)	4-6 (DUBEY, 1978b)	7-11 (ROMMEL und ZIELASKO, 1981)	nicht bekannt
Patenz (Tage)	5-28 (MITCHELL et al., 2007; ROMMEL et al., 2000b)	2-19 (BUEHL et al., 2006; ROMMEL et al., 2000b)	4-27 (ROMMEL und ZIELASKO, 1981)	13-23 (BOURDOI-SEAU, 1993)

Zunächst glaubte man, dass es sich bei den Kokzidien von Hund und Katze um die gleiche Art handelt. Sie wurde als *Diplospora bigemina* (STILES, 1891) beschrieben, dann jedoch der Gattung *Isospora* zugeordnet (LEVINE und IVENS, 1981; LINDSAY et al., 1997). Heute nimmt man an, dass es sich bei der damals beschriebenen Art vermutlich um mehrere Spezies aus anderen Gattungen handelte (BODE, 1999; LINDSAY et al., 1997). HEYDORN (1973) und HEYDORN et al. (1975) untersuchten die kleine Form von *I. bigemina* genauer und beschrieben auch das Rind als möglichen Zwischenwirt, jedoch gelang ihnen keine fäkalorale Übertragung der Oozysten an Hunden.

2.5.1 Artbeschreibung *I. canis* (NEMESÉRI, 1960)

WENYON (1923) beschrieb eine größere und kleinere Form von *I. bigemina* und nannte die große Art *Isospora felis*, die seiner Meinung nach in Hund und Katze vorkommt. NEMESÉRI (1960) konnte jedoch durch fehlgeschlagene Infektionsversuche bei Katzen beweisen, dass es sich bei der im Hund vorkommenden Art um eine andere Spezies handelt und nannte sie *I. canis*. Auch SHAH (1970) gelang es nicht, Hunde mit *I. felis* zu infizieren.

I. canis parasitiert hauptsächlich in der distal gelegenen Hälfte des Dünndarms. Nach Angaben von HILALI et al. (1979) und LEPP und TODD, JR. (1974) sitzen die Parasiten dieser Art direkt unterhalb der Epithelzellen, MITCHELL et al. (2007) wiesen sie in den Zellen der Lamina propria nach.

Morphologie: Oozysten von *I. canis* haben eine ovoide Form und sind 34-40 x 28-32 µm groß (LEVINE und IVENS, 1965). Wenn sie sporuliert sind, enthalten sie zwei ovale Sporozysten, die 18-21 x 15-18 µm groß sind (LINDSAY und BLAGBURN, 1991). Diese enthalten je vier Sporozoiten und große Sporozysten-Residualkörper.

Die äußere Membran ist relativ dick, glatt und farblos bis grünlich schimmernd. Sie wird innen von einer dünnen Membran ausgekleidet (HILALI et al., 1979; LEPP und TODD, JR., 1974; LEVINE und IVENS, 1965).

SPEER et al. (1973) schrieben, dass die Oozystenmembran aus drei Schichten besteht. Sind die Oozysten sporuliert, so ist die Oozystenmembran häufig um die beiden Sporozysten herum eingefallen. Residualkörper, polare Granula und Mikropyle fehlen (HILALI et al., 1979; LEPP und TODD, Jr., 1974; LEVINE und IVENS, 1965; SPEER et al., 1973).

Die Sporozoiten sind wurstförmig und parallel in den Sporozysten angeordnet. Der Zellkern liegt im hinteren Drittel des Sporozoiten (JENSEN und EDGAR, 1978; LEVINE und IVENS, 1965).

ROBERTS et al. (1972) untersuchten die Sporozoiten elektronenmikroskopisch. Sie besitzen die typische Feinstruktur der Sporozoa mit Pellikula, Apikalkomplex, Mikrotubuli in der Peripherie und den üblichen Zellorganellen wie Endoplasmatisches Retikulum (ER), Golgi Apparat und Mitochondrien. Die Sporozoiten haben eine posterior gelegene Pore und weisen viele kristalloide Körper auf, die nach Ansicht von DESSER (1970) dem Nahrungstransport innerhalb des Sporozoiten dienen.

Reife Schizonten der ersten Generation haben eine Größe von 16-38 x 11-23 µm. Diese enthalten vier bis 24 Merozoiten (LEPP und TODD, JR., 1974), die etwa 8-11 x 3,5 µm groß sind. Nach fünf Tagen (LEPP und TODD, JR., 1974) entlassen die rupturierten Schizonten die Merozoiten ins Darmlumen.

Reife Schizonten der zweiten Generation sind kugelig bis ovoid. Ihre Größe beträgt 12-18 x 8-13 µm. Sie enthalten drei bis 12 bananenförmige Merozoiten. Die Merozoiten haben einen zentral gelegenen Zellkern mit Nukleolus und sind 11-13 x 3-5 µm groß.

Die Schizonten der dritten Generation enthalten zwischen sechs und 72 Merozoiten und sind 13-38 x 8-24 µm groß. Die Merozoiten sind etwas kleiner als die der Schizonten der zweiten Generation (8-13 x 1,5-3 µm) (LEPP und TODD, JR., 1974).

Die Schizonten liegen in einer parasitiophore Vakuole, die mit granulärem Material gefüllt ist und eine dreischichtige Membran besitzt (HILALI et al., 1979).

Bei elektronenmikroskopischen Untersuchungen fanden HILALI et al. (1979) 150 Mikronemen im vorderen Drittel der Merozoiten und 12 bis 16 Rhoptrien. Außerdem beschrieben sie 22 Mikrotubuli in der Peripherie der Merozoiten.

Die Merozoiten sind mit Zytoplasma gefüllt. Zentral sitzt der große Nukleus mit Nukleolus. Direkt vor dem Nukleus liegt ein Golgiapparat mit Golgivesikeln, die granuläres Material enthalten. Im Zytoplasma verteilt liegen Mitochondrien. Terminal befinden sich Granula aus Amylopectin, ER und Ribosomen. JENSEN und EDGAR (1978) entdeckten Vesikel, die Ribosomen der Wirtszelle enthalten.

Die Mikrogamonten sind kugelig bis länglich und besitzen viele runde bis ovale Nuklei. Außerdem beinhalten sie Ribosomen, Golgiapparat, ER und Mitochondrien. Letztere sind vor allem um die Zellkerne lokalisiert.

Die Größe des gereiften Mikrogamonten ist etwa 20-38 x 14-26 µm, die gebogenen Mikrogameten sind ca. 5 x 0,8 µm groß (LEPP und TODD, JR., 1974).

Der Makrogamont ist von drei Membranen umgeben. Das Plasma enthält neben ER, Mitochondrien und Amylopectin-Granula auch große Lipideinschlüsse. Der Makrogamont wächst bei der Reifung von 8-13 x 5-7 µm Größe auf 22-29 x 14-23 µm heran. Nukleus und Nukleolus sind groß und gut sichtbar (HILALI et al., 1979; LEPP und TODD, JR., 1974).

Monozoitische Zysten von *I. canis*, wie sie in Zwischenwirten gebildet werden, wurden von MITCHELL et al. (2009) genauestens untersucht. Sie weisen die typische Feinstruktur der Sporozoa mit Apikalkomplex auf und liegen innerhalb einer dicken Zystenwand in einer parasitophoren Vakuole.

2.5.2 Artbeschreibung *I. ohioensis* (DUBEY, 1975b)

Zunächst wurde diese Spezies als *I. rivolta* beschrieben, die sowohl in Katzen als auch in Hunden vorkommt (LEVINE und IVENS, 1965). DUBEY (1975b) versuchte Hunde mit dem aus Katzenkot isolierten Kokzidium und Katzen mit dem im Hundekot gefundenen Kokzidium zu infizieren. Dies gelang nicht und so nannte er die im Hund gefundene Art *Isospora ohioensis*.

I. ohioensis parasitiert in den Epithelzellen des Dünndarms, des Blinddarms (Zäkum) und des Grimmdarms (Kolon) (DUBEY, 1978a; DUBEY, 1978b).

Morphologie:

Die Oozysten sind im Durchschnitt 24 x 21 µm groß, die Sporozysten haben eine durchschnittliche Größe von 17 x 12 µm (BOCH et al., 1981; DUBEY, 1975b; DUBEY, 1978a). BAEK et al. (1993) fanden weder Stieda-Körper in der Sporozyste, noch eine Mikropyle in den Oozysten. Die Sporozoiten sind bananenförmig.

Die Schizonten von *I. ohioensis* sind 12-16 x 4-6 µm groß und enthalten zwei bis sechs Merozoiten und rupturieren nach drei Tagen. DUBEY (1978a) teilte die Schizonten in Typ eins und Typ zwei ein. Typ eins Schizonten enthalten Merozoiten, die durchschnittlich 11,1 x 3,1 µm groß sind, die Merozoiten der Typ zwei Schizonten sind deutlich kleiner (7,1 x 1,5 µm im Schnitt). Die Merozoiten haben einen zentral gelegenen Zellkern mit Nukleolus. Freie Merozoiten wurden von DUBEY (1978a) in drei Gruppen eingeteilt, die sich in der Größe unterschieden. Außerdem berichtet er von mehrkernigen Merozoiten.

Mikrogamonten beinhalten zunächst vier bis acht zentrale Zellkerne. Mit zunehmender Reifung entwickeln sich daraus 20 bis 50 Mikrogameten, die dann in der Peripherie angeordnet sind. Reife Mikrogamonten sind 13-17 x 8-15 µm groß, als Gewebeabstrichpräparat jedoch deutlich größer (24 x 19 µm im Durchschnitt). DUBEY (1978a) maß bei den Mikrogameten eine Länge von 4-5 µm, ohne das Flagellum.

Makrogamonten sind gut an ihrem großen Nukleus mit Nukleolus zu erkennen. Reife weibliche Gamonten messen ca. 13-17 x 11-12 µm im Gewebeschnitt, als Abstrichpräparat sind sie auch hier deutlich größer (21,7 x 17,6 µm). Es konnten PAS (Periodsäure-Leukofuchsin-Färbung)-positive Granula festgestellt werden, deren Anzahl sich aber mit zunehmender Reifung des Makrogamonten verringerte (DUBEY, 1978a).

DUBEY und MEHLHORN (1978) untersuchten extraintestinale Stadien von *I. ohioensis* in Mäusen. Die Parasiten liegen innerhalb der Wirtszellen in parasitophoren Vakuolen, die von einer einfachen Membran umgeben sind. Die Wirtszelle bildet um die parasitophore Vakuole granulöses Material. Der Parasit weist die typische Sporozoiten-Struktur auf. Er hat 24 Mikrotubuli, einen Apikalkomplex und ist von einer Pellikula umgeben. Der Zellkern liegt zentral.

2.5.3 Artbeschreibung *I. burrowsi* (TRAYSER und TODD, JR., 1978)

Diese Art wurde 1978 von TRAYSER und TODD, JR. (1978) erstbeschrieben. Die Oozysten sind etwas kleiner als die von *I. ohioensis* und auch im Entwicklungszyklus gibt es deutliche Unterschiede (ROMMEL und ZIELASKO, 1981; TRAYSER und TODD, JR., 1978).

I. burrowsi parasitiert in den Zellen der Lamina propria im distal gelegenen Drittel des Dünndarms (ROMMEL und ZIELASKO, 1981; TRAYSER und TODD, JR., 1978).

Morphologie:

Die Oozysten von *I. burrowsi* sind 16-23 x 14-22 µm groß, also etwas kleiner als die von *I. ohioensis*, haben eine ellipsoide bis kugelige Form und tragen zwei Sporozysten in sich (ROMMEL und ZIELASKO, 1981). Die Membran ist ca. 1 µm dick, glatt und von gelblichgrüner Farbe. Die Oozysten enthalten keine polaren Granula, Mikropyle oder Oozysten-Restkörper. Die Sporozysten sind 14 x 9 µm groß und beinhalten sehr viel granuläres Material, Stieda-Körper fehlen (TRAYSER und TODD, 1978).

Die Sporozoiten folgen keiner Anordnung in den Sporozysten. Manchmal sind Sporozysten-Restkörper in den Sporozysten enthalten, die bis zu einem Drittel des Volumens in Anspruch nehmen können.

Schizonten der ersten Generation sind etwa 14 x 12 µm groß und beinhalten fünf Merozoiten mit exzentrisch gelegenem Zellkern und einer Größe von 12,5 x 5,7 µm (ROMMEL und ZIELASKO, 1981; TRAYSER und TODD, JR., 1978). ROMMEL und ZIELASKO (1981) beschrieben aber auch Schizonten mit bis zu 20 Merozoiten. Auch zweikernige Merozoiten wurden vereinzelt entdeckt.

Schizonten der zweiten Generation messen durchschnittlich 25,8 x 18,3 µm. Die Merozoiten haben einen terminal gelegenen Nukleus, ein spitzes und ein stumpfes Ende. Sie sind 16,2 x 4,9 µm groß (ROMMEL und ZIELASKO, 1981; TRAYSER und TODD, JR., 1978)

Die Mikrogamonten (13-27 x 10-21 µm) beinhalten einen zentralen Restkörper und randständige Mikrogameten (4,5 x 0,4 µm).

Die Makrogamonten haben einen großen Nukleus mit Nukleolus. Das Karioplasma ist zunächst eosinophil, es wird mit zunehmender Reifung granulär. Makrogamonten sind nach der Reifung 17,1 x 11,5 µm groß (TRAYSER und TODD, 1978).

Auch bei dieser Spezies gelang eine Infektion von Hunden über den Verzehr von Gewebe von infizierter Zwischenwirte (Mäusen und Ratten) (ROMMEL und ZIELASKO, 1981).

2.5.4 Artbeschreibung *I. neorivolta* (DUBEY und MAHRT, 1978)

MAHRT (1967) beschrieb den Entwicklungszyklus eines Kokzidiums im Hund, dass zunächst noch den Namen *I. rivolta* besaß und von dem man annahm, dass es sowohl in Hunden als auch in Katzen vorkomme. DUBEY (1975b) stellte fest, dass das Hundekokzidium nicht auf die Katze übertragbar ist und nannte es *I. ohioensis*. Nachdem DUBEY (1978a) den Entwicklungszyklus von *I. ohioensis* genau erforscht hatte, fielen ihm Differenzen zu dem von MAHRT (1967) beschriebenen Kokzidium auf.

Daraufhin untersuchten sie gemeinsam die damals von MAHRT (1967) präparierten Gewebeschnitte und beschrieben danach dieses Kokzidium als *I. neorivolta* (DUBEY und MAHRT, 1978).

I. neorivolta parasitiert hauptsächlich in den Zellen der Lamina propria in der posterioren Hälfte des Dünndarms und im Zäkum.

Morphologie:
Die Oozysten sind ovoid und sind ca. 13-15 x 11-13 µm groß (BOURDOISEAU, 1993; EUZEBY, 1980). Die Schizonten messen etwa 12,4 µm mit 7,5 µm großen Merozoiten. Die Makrogamonten sind 11-15 x 9-13µm groß, die Mikrogamonten 10-22 x 7-18 µm (DUBEY und MAHRT, 1978).
Endogene Stadien in Zwischenwirten wurden für diese Art nicht beschrieben. ROMMEL und ZIELASKO (1981) bezweifeln, dass das von DUBEY und MAHRT (1978) beschriebene Kokzidium tatsächlich eine eigene Art ist.

Des Weiteren beschreiben DUBEY et al. (1978) ein *I. ohioensis* ähnliches Kokzidium, das in einem erkrankten Chihuahua gefunden wurde. Entwicklungszyklus und Größe der endogenen Entwicklungsstadien unterscheiden sich nicht von *I. neorivolta*. Jedoch wurden bei diesem Kokzidium mehrkernige Merozoiten gefunden und außerdem fielen befallene Drüsen in der Darmschleimhaut auf, was bei *I. neorivolta* nicht entdeckt wurde (DUBEY und MAHRT, 1978). DUBEY et al. (1978) schlossen nicht aus, dass es sich bei dem beschriebenen Fall um eine Mischinfektion von *I. neorivolta* und *I. ohioensis* handeln könnte.

2.6 Bedeutung

Kokzidien sind weltweit verbreitet. *I. neorivolta* wurde bisher nur in den USA nachgewiesen (MAHRT, 1967). In Deutschland hat man bisher *I. ohioensis*, und *I. canis* gefunden (BODE, 1999; GOTHE und REICHLER, 1990a; ROMMEL und ZIELASKO, 1981). ROMMEL und ZIELASKO (1981) glauben, dass es sich bei dem von PÖTTERS (1978) in Deutschland isolierten und beschriebenen Kokzidium um *I. burrowsi* handelt. Oft werden gefundenen Oozysten nicht differenziert und als Art aus dem *I. ohioensis*-Komplex beschrieben. Da *I. canis* pathogener ist als die anderen *Isospora*-Arten im Hund ist eine Differenzierung der Arten des *I. ohioensis*-Komplexes für den Therapieansatz nicht notwendig (BECKER, 1980; BECKER et al., 2009)

Untersuchungen haben gezeigt, dass die Isosporose vor allem in Zwingeranlagen auftreten (GOTHE und REICHLER, 1990a; GREENE und PESTWOOD, 1984), wie sie in Tierheimen, Versuchstierhaltungen oder in der großwirtschaftlichen Hundezucht üblich sind. Die Tiere reinfizieren sich immer wieder an der kontaminierten Umwelt.

Untersuchungen von MARKUS (1980) zeigten, dass Kokzidien auch von Fliegenspezies weiterverbreitet werden, die Kothaufen anfliegen und somit ebenfalls auf baulich getrennte Zwinger übergehen können.

GOTHE und REICHLER (1990b) stellten fest, dass die Infektionshäufigkeit direkt mit der Anzahl der erwachsenen Hunde, die gemeinsam im Haushalt leben, zusammenhängt. Auch steigt die Infektionsrate, je mehr Würfe im Jahr geboren werden.

Tab. 2: Verbreitung und Prävalenz der *Isospora*-Arten des Hundes

Region	Befallshäufigkeit in %	Anzahl untersuchter Proben	Quelle
Deutschland			
Dortmund	7,2	512	BRAHM, 2009
Koblenz	7,2	725	JONAS, 1981
Augsburg und Gauting	1,8 (*I. burrowsi*) 0,8 (*I. ohioensis*) 4,0 (*I. canis*)	500	BOCH et al., 1979
Niedersachsen	4,3	3029	BAUER und STOYE, 1984
Bergisches Land	98 (*I. ohioensis*-Komplex) 26,7 (*I. canis*)	110	SEELIGER 1999
Süddeutschland	36 (*I. ohioensis*-Komplex) 16 (*I. canis*)	100 Hundefamilien	GOTHE und REICHLER, 1990A
Deutschland	4,2	3329	EPE et al., 1993
Deutschland	2,3	1281	EPE et al., 2004
Deutschland	10,4	8438	BARUTZKI und SCHAPER, 2003
Andere Länder in Europa			
Bern Schweiz	1,0-5,4	1213	SCHAWALDER, 1976
Schweiz	4,5	249	SAGER et al., 2006
Schweiz	12,7	662	SEILER et al., 1983
Österreich	5,9-11,1	303	HINAIDY, 1991
Österreich	8,5 (*I. ohioensis*) 4,8 (*I. canis*)	1092	SUPPERER, 1973
Österreich	8,7	3590	BUEHL et al., 2006
Niederlande	1,3	224	LE NOBEL et al., 2004
Nordbelgien	26,3	1159	CLAEREBOUT et al., 2008
Belgien	5,2	2324	VANPARIJS et al., 1991
Neapel Italien	4,1 (*I. canis*)	5861	RINALDI et al., 2006

Tab. 2 (Fortsetzung): Verbreitung und Prävalenz der *Isospora*-Arten des Hundes

Region	Befallshäufigkeit in %	Anzahl untersuchter Proben	Quelle
Andere Länder in Europa			
Asturias, Spanien	3 (*I. canis*)	354	VAZQUEZ et al., 1989
Spanien	6-10 (*I. canis*)	275	MARTINEZ-CARRASCO et al., 2007
Cordoba, Spanien	10,2	300	MARTINEZ-MORENO et al., 2007
Ungarn	8,2 (*I. canis*)	220	NEMESÉRI, 1960
Brünn, Tschechien	3,17	663	SVOBODOVA et al., 1984
Prag, Tschechien	2,4	540	DUBNA et al., 2007
Serres, Griechenland	3,9	281	PAPAZAHARIADOU et al., 2007
Thessaloniki, Griechenland	9 (*I. ohioensis*-Komplex)	232	HARALABIDIS et al., 1988
Nordamerika			
Missouri, USA	4,5	1468	VISCO et al., 1977
Columbus, USA	3,6 (*I. ohioensis*) 1,8 (*I. canis*)	500	STREITEL und DUBEY, 1976
Chicago, USA	3,8	846	JASKOSKI, 1971
Victoria, USA	16,2 (*I. ohioensis*)	734	BLAKE und OVEREND, 1982
Louisiana, USA	2,6	4058	HOSKINS et al., 1982
Illinois, USA	1 (*I. bigemina*) 18 (*I. rivolta*) 16 (*I. canis*)	139	LEVINE und IVENS, 1965

Tab. 2 (Fortsetzung): Verbreitung und Prävalenz der *Isospora*-Arten des Hundes

Region	Befallshäufigkeit in %	Anzahl untersuchter Proben	Quelle
Nordamerika			
Atlanta, USA	9	143	STEHR-GREEN et al., 1987
USA	4,8	6458	BLAGBURN et al., 1996
USA und Kanada	2,6-38,1	10 162	KIRKPATRICK und DUBEY, 1987
Montréal, Kanada	1,7-34,7	239	SEAH et al., 1975
St. Pierre, Neufundland	8,8 (*I. canis*)	57	BRIDGER und WHITNEY, 2009
Südamerika			
Sao Paulo, Brasilien	4,4	1755	FUNADA et al., 2007
Sao Paulo, Brasilien	8,5	271	OLIVEIRA-SEQUEIRA et al., 2002
Sao Paulo, Brasilien	3,5	138	KATAGIRI und OLIVEIRA-SEQUEIRA, 2008
Itapema, Brasilien	6,3	158	BLAZIUS et al., 2005
Santiago, Chile	9	972	LOPEZ et al., 2006
Maracaibo, Venezuela	8,1	614	RAMIREZ-BARRIOS et al., 2004
Südamerika			
Buenos Aires, Argentinien	11,9 (*I. ohioensis*-Komplex) 10,9 (*I. canis*)	2193	FONTANARROSA et al., 2006

Tab. 2 (Fortsetzung): Verbreitung und Prävalenz der *Isospora*-Arten des Hundes

Region	Befallshäufigkeit in %	Anzahl untersuchter Proben	Quelle
Asien			
Taiwan	7,5 (*I. canis*)	376	Ho et al., 2006
Bangkok, Thailand	10	229	INPANKAEW et al., 2007
Saitama, Japan	2,1 (*I. ohioensis*) 0,6 (*I. canis*)	906	YAMAMOTO et al., 2009
Iran	6,7	255	MIRZAYANS et al., 1972
Australien/Neuseeland			
Victoria	16,2 (*I. ohioensis*) 2,9 (*I. canis*)	734	BLAKE und OVEREND, 1982
Südvictoria	7,9	303	JOHNSTON und GASSER, 1993
Perth	4,5 (*I. ohioensis*-Komplex) 6,1 (*I. canis*)	421	BUGG et al., 1999
Sydney	5,5	110	COLLINS et al., 1983
Westaustralien	2,3 (*I. ohioensis*-Komplex) 1,5 (*I. canis*)	132	SAVINI et al., 1993
Australien	3,5 (*I. ohioensis*-Komplex) 1,1 (*I. canis*)	1400	PALMER et al., 2008
Neuseeland	9,2 (*I. ohioensis*) 4 (*I. canis*)	481	MCKENNA und CHARLESTON, 1980

2.7 Klinik und Pathogenität

2.7.1 Klinik allgemein

Symptome der Kokzidiose sind meist Verdauungsstörungen, wie Appetitverlust und Durchfall (KIRKPATRICK und DUBEY, 1987; PENZHORN et al., 1992).

Am häufigsten sind Welpen von Kokzidiose betroffen, bei denen der klinische Verlauf der Infektion schwerer verläuft als bei erwachsenen Hunden (BATTE, 1973; BURROWS und LILLIS, 1967; EMDE, 1988; GASS, 1971; HOSKINS et al., 1982; JASKOSKI et al., 1982; KIRKPATRICK und DUBEY, 1987; NEMESÉRI, 1960; SCHÜTZE und KRAFT, 1979; VISCO et al., 1977).

Nach dem Auftreten von Durchfall und dem Nachweis von wenigen Oozysten im Kot kann nicht auf Kokzidiose geschlossen werden, da Durchfall viele Ursachen haben kann (CORLOUER und HERIPRET, 1990; HUBBARD et al., 2007) und Kokzidien oft auch als Zufallsbefund in gesunden Tieren nachgewiesen werden (GASS, 1978). Hinzu kommt, dass klinische Symptome häufig bereits am Ende der Präpatenz auftreten. Das heißt, dass ein Tier noch keine Oozysten ausscheidet, obwohl es bereits an Kokzidiose erkrankt ist (DUBEY, 1978b; KIRKPATRICK und DUBEY, 1987).

2.7.2 Symptome

Das Krankheitsbild der Isosporose beim Hund reicht vom subklinischen Verlauf bis hin zur schweren klinischen Erkrankung, die unbehandelt zum Tod des Hundes führen kann (BECKER, 1980; OLSON, 1985).

Das häufigste klinische Symptom ist Durchfall, der je nach Schwere der Infektion blutig sein kann (BECKER, 1980; CONBOY, 1998; DUBEY, 1978b; JUNKER und HOUWERS, 2000; MITCHELL et al., 2007). Meist klingen die Symptome nach einigen Tagen auch ohne Behandlung ab, da Kokzidien nur eine begrenzte Anzahl an Schizogoniezyklen durchlaufen. Die Infektion gilt als selbstlimitierend (DUBEY et al., 1998; GASS, 1971; GASS, 1978; MURALEEDHARAN et al., 1985; ODUYE und BOBADE, 1979; VOGT und WEBER, 1973).

Doch besonders bei jungen Hunden und immunsupprimierten Tieren kann die Infektion chronisch verlaufen. In diesen Fällen wird der Darm sehr stark geschädigt, was zu einer Enteritis mit wässrigem schleimigen Durchfall führen kann (DUBEY, 1978b; OLSON, 1985). Weitere Folgen sind Anämie, Abmagerung, Apathie, verzögertes Wachstum bei Junghunden und Fieber (BAEK et al., 1993; DUBEY, 1978b; NEMESÉRI, 1960; OLSON, 1985). Bei schweren Verläufen und länger anhaltendem Durchfall kommt es zur Dehydratation des erkrankten Hundes und der Elektrolytverlust kann den Tod des Tieres herbeiführen (CORREA et al., 1983).

NESVADBA (1970) beschreibt außerdem eine kokzidiosebedingte Lockerung des Sehnenapparates und gestörte Exterieurentwicklung bei zwölf erkrankten Welpen. CORREA et al. (1983) schließen jedoch nicht aus, dass diese Symptome von durchfallbedingter Anämie herrühren.

GASS (1978) publizierte, dass auch schleimig-eitriger Nasenausfluss und Husten Symptome einer Kokzidiose sein können, dies wurde von anderen Autoren aber nicht bestätigt.

2.7.3 Pathologische Befunde

In Tieren, die nach experimenteller Infektion euthanasiert wurden, konnten Nekrose (Gewebezerstörung) und Desquamation (Abschuppung) der Darmzottenspitzen und der Lamina propria nachgewiesen werden (DUBEY, 1978b). Die gleichen pathologischen Befunde wurden auch bei der Nekropsie mehrerer natürlich infizierter Tiere, die alle einen schweren Krankheitsverlauf zeigten, beschrieben (DUBEY et al., 1978; JUNKER und HOUWERS, 2000). DUBEY et al. (1978) und NEMESÉRI (1960) publizierten außerdem, dass im ganzen Darm vermehrt Schleim anzutreffen war. LEE (1934) berichtet von durch Kokzidiose hervorgerufenen extraintestinalen Schädigungen. So ist er der Meinung, fettige Leberdegeneration, fokale Lebernekrose, eine trübe Schwellung der Nieren und eine vergrößerte Milz seien ebenfalls durch Kokzidien induzierte Veränderungen.

2.7.4 Pathogenität

Allgemein gilt *I. canis* als die pathogenste beim Hund vorkommende Kokzidien-Art (BODE, 1999; LINDSAY et al., 1997; SEILER et al., 1983). In einer Studie von BECKER (1980), in der Hunde entweder mit *I. canis* und/oder *I. ohioensis* infiziert wurden, konnte das bestätigt werden. Die Tiere, die mit beiden Spezies gleichzeitig infiziert wurden, erkrankten am schwersten an Kokzidiose. BECKER (1980) führte dieses Ergebnis darauf zurück, dass *I. ohioensis* während der Schizogoniezyklen das Darmepithel vorschädigt (DUBEY, 1978b) und somit das Penetrieren von *I. canis*-Merozoiten unter die Epithelschicht erleichtert wird (LEPP und TODD, JR., 1974) und sich somit die Darmschädigung potenziert.
Auch ist die Schwere der Erkrankung vom Gesundheitszustand und dem Immunsystem des Wirtes abhängig (FAYER, 1978; NEMESÉRI, 1960). Faktoren wie Stress und hoher Infektionsdruck, wie sie in großen Zwingeranlagen verbreitet sind, scheinen die Schwere der Infektionen zu erhöhen (GASS, 1971; GASS, 1978; GOTHE und REICHLER, 1990b).

2.8 Diagnostik

2.8.1 Flotationsmethode

Oozysten können im Kot mit der Flotationsmethode nachgewiesen werden (GREENE und PESTWOOD, 1984; OLSON, 1985). Sie können nicht mit Oozysten von *Sarcocystis* spp. verwechselt werden, da diese immer bereits sporuliert ausgeschieden werden (BOCH et al., 1979; DUBEY, 1976; DUBEY, 1977; FAYER, 1978; KIRKPATRICK und DUBEY, 1987). Oozysten von *Hammondia heydorni* und *Neospora caninum* sind nur ca. 10 μm groß und können somit auch nicht mit *Isospora* spp. verwechselt werden (BOCH et al., 1979; DUBEY et al., 2007; HILL et al., 2001; LINDSAY und BLAGBURN, 1991; ROMMEL, 1978; SILVA et al., 2007). Durch die Größenbestimmung mit Hilfe eines Messokulars können die Oozysten von *I. canis* und die des *I. ohioensis*-Komplexes unterschieden werden (siehe Abbildung 1). Eine quantitative Bestimmung der ausgeschiedenen Oozystenmenge ist nach der McMaster

Methode möglich (WETZEL, 1951). Eine eindeutige Spezifizierung von ausgeschiedenen Oozysten des *I. ohioensis*-Komplexes ist schwierig. ROMMEL und ZIELASKO (1981) halten die Differenzierung von *I. ohioensis* und *I. burrowsi* anhand der Oozystengröße für möglich, eine klare Identifizierung von gefundenen Oozysten als *I. neorivolta* jedoch für unmöglich. MURALEEDHARAN et al. (1985) sind der Meinung, dass man die Spezies des *I. ohioensis*-Komplexes nicht anhand der Oozysten differenzieren kann. Die Spezifizierung der ausgeschiedenen Oozysten ist für die Therapie der Kokzidiose nicht erforderlich.

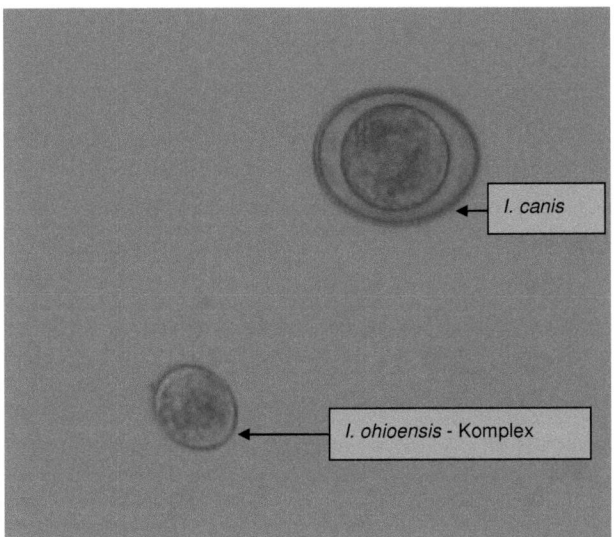

Abb. 1: Oozyste von *I. canis* und *I. ohioensis*-Komplex (500 fache Vergrößerung)

2.8.2 Fluoreszenzmikroskopie

Die Oozysten von *Isospora suis* sind selbstfluoreszierend und werden unter einem Fluoreszenzmikroskop sichtbar und können somit auch in einem einfachen Kotausstrich gefunden werden (DAUGSCHIES et al., 2001; KUHNERT et al., 2006). Ob auch die *Isospora*-Arten der Hunde unter dem Fluoreszenzmikroskop nachgewiesen werden können bleibt noch zu klären.

2.8.3 Antikörpernachweis bei Kokzidieninfektionen

Es besteht die Möglichkeit, die spezifischen Antikörper gegen Kokzidien durch den indirekten Fluoreszenz-Antikörpertest nachzuweisen (CIRAC und BAUER 2004, SILVA et al. 2006). Der Vorteil dieses Tests ist, dass auch eine nicht patente Infektion aufgedeckt werden kann, und man Klarheit darüber bekommt, ob das untersuchte Tier schon einmal Kontakt mit dem Parasiten hatte (JAGER et al., 2005). Mit diesen Tests wird der Antikörperstatus gegen Kokzidien bestimmt.

Bisher wurden Rinder und Hühner auf ihren Antikörperstatus gegen Eimerien-Sporozoiten getestet (CONSTANTINOIU et al., 2004; FABER et al., 2002; HAEBER et al., 1992b; ONAGA et al., 2005; WILLIAMS et al., 1999). Genauso wurden solche Verfahren zum Nachweis von Antikörpern gegen *Toxoplasma gondii* in Katzen (FRICKER-HIDALGO et al., 2009) und *Neospora caninum* in Hunden durchgeführt (SILVA et al., 2007). Ein Antikörpernachweis gegen *Isospora* spp. des Hundes wurde bisher noch nicht versucht.

2.8.3.1 Prinzip des indirekten Fluoreszenz Antikörpertests

Als Antigen werden Sporozoiten der Kokzidien verwendet. Diese werden aus sporulierten Oozysten gewonnen, indem man durch Zugabe von Trypsinlösung die Oozysten zum Exzystieren zwingt (KRIJGSMAN, 1926; TOYAMA et al., 1982). Die Sporozoiten werden auf einen Objektträger aufgebracht, getrocknet und fixiert. Der spezifische Antikörper für dieses Antigen liegt im Blutserum infizierter Patienten vor und bindet bei positiven Proben an das Festphasen-gebundene Antigen. Im zweiten Inkubationsschritt werden die Antikörper mit Fluorescein markierten Anti-Spezies-Ig-Antikörpern sichtbar gemacht und unter dem Fluoreszenzmikroskop betrachtet (HAEBER et al., 1992a). Die Fluoreszenzstärke ist proportional zum Antikörpergehalt des Serums. Das Ergebnis kann jedoch bei Jungtieren durch maternale Antikörper verfälscht sein.

2.9 Prophylaxe

Die klinische Kokzidiose ist ein typisches Problem der Massentierhaltung. Der Infektionsdruck steigt, je mehr Hündinnen zusammen leben und je mehr Würfe im Jahr geboren werden (GOTHE und REICHLER, 1990a; GOTHE und REICHLER, 1990b; MEHLHORN, 2008). Daher wäre es am effektivsten, von der großbetrieblichen Welpenproduktion (bis zu 10 Würfe pro Woche) Abstand zu nehmen und Hunde im Haushalt zu halten (GASS, 1971; GASS, 1978; GOTHE und REICHLER, 1990b). Natürlich ist das beim derzeitigen Bedarf an Welpen nicht praktikabel.

Aus diesem Grund sollten Hunde in Zwingeranlagen an der Aufnahme von sporulierten Oozysten gehindert werden. Hygiene kann die Schwere einer Infektion mindern (BLAGBURN et al., 1996; TODD und ERNST, 1979). Die Zwinger sollten täglich gereinigt und der Kot durch Verbrennung unschädlich gemacht werden. Die Reinigung von Wasser- und Futternäpfen sollte besonders gründlich erfolgen. Auch empfiehlt sich der regelmäßige Einsatz von Dampfstrahlgeräten (BODE, 1999; GOTHE und REICHLER, 1990a; GOTHE und

REICHLER, 1990b). Außerdem sollten die Hunde nicht mit rohem Fleisch gefüttert werden, um eine Infektion über Dormozoiten zu verhindern (ECKERT et al., 2000) Besitzern von Zwingeranlagen sollte bewusst sein, dass Hygienemaßnahmen bestenfalls die Kokzidieninfektionen eindämmen können, eine völlige Ausrottung der Parasiten aber kaum möglich ist (LINDSAY und BLAGBURN, 1995; TODD und ERNST, 1979).

2.9.1 Widerstandsfähigkeit der Oozysten

ENIGK (1988) untersuchte die Resistenz parasitärer Dauerformen gegen Chemikalien. Er brachte Kaninchenkokzidien mit wässriger Lösungen von 5 % Formalin, 1-10 % Schwefelsäure, 1 % Phenol, 5 % Kalilauge, 5 % Kaliumjodid und 5 % Kupfersulfat in Kontakt. Alle Oozysten sporulierten und blieben mehrere Wochen am Leben, in 5 %iger Kresol und 5 %iger Lysollösung starben sie jedoch binnen 36 Stunden.
SCHNEIDER et al. (1973) halten einige Chemikalien für wirksam gegen Kokzidienoozysten. So töteten Kalziumchlorid, 0,5 %ige Salzsäure, 0,5 %ige Schwefelsäure und Natriumhydroxid Oozysten von *I. belli* ab. SCHNEIDER et al. (1973) berichten, dass 0,1 bis 1 %ige Formalinlösung die Dauerform von *I. bigemina* der Katze schädigt.
Oozysten sind sehr hitzeempfindlich (FAYER, 1978). *I. felis* Oozysten sterben schon nach vier Stunden bei Temperaturen über 45 °C. SCHNEIDER et al. (1972) stellten fest, dass unsporulierte Oozysten von *I. canis* auch noch bei einer Temperatur von 38 °C sporulieren. Kälteempfindlich sind Kokzidien kaum. Man muss sie schon sehr lange (zwei Jahre) oder bei sehr tiefen Temperaturen (-30 °C) einfrieren, um eine gewisse Anzahl abzutöten, wie ENIGK (1988) für verschiedene *Eimeria*-Spezies beschrieb. Jedoch wirken sich tiefe Temperaturen (4 °C) negativ auf die Sporulationsfreudigkeit der Parasiten aus, wie LINDSAY et al. (1982) für *I. suis* herausfanden.
Außerdem sind *Isospora*-Oozysten resistent gegen UV-, Röntgen- und Gammastrahlung (ENIGK, 1988), sterben aber bei relativer Feuchte unter 45%. Bei relativer Feuchte unter 90% sporulieren sie nicht mehr, wie ENIGK (1988) und FAYER (1978) bei in-vitro-Versuchen entdeckten.

2.9.2 Desinfektion

Herkömmliche Desinfektionsmittel wirken nicht oder nur bedingt gegen *I. canis*. Das glucoprotaminhaltiges Desinfektionsmittel Dekaseptol, die Phenolverbindung Lomasept® und das phenol-, alkohol- und perchloräthylenhaltige Incicoc® töten nur ältere, unsporulierte Oozysten ab (BARUTZKI et al., 1981).

Das Chlorphenol Preventol® zeigte bei Untersuchungen von DAUGSCHIES et al. (2002) gute Wirksamkeit gegen *Eimeria*-Oozysten (88% Oozystenreduktion bei einer Einwirkzeit von 120 Minuten).
Neopredisan®, das zur Stoffgruppe der Kresole gehört, erzielte in vitro gute Wirksamkeit gegen *I. suis* (STRABERG und DAUGSCHIES, 2007). DAUGSCHIES et al. (2002) untersuchten ebenfalls dessen Wirksamkeit gegen *Eimeria tenella*. Auch hier bewährte sich Neopredisan®.

2.10 Therapie

Die Behandlung gegen Kokzidien ist in Problembetrieben enorm wichtig. FITZGERALD (1980) publizierte, dass sich die Kosten durch Tierverluste und Kauf von Kokzidiosemitteln im Nutztierbereich auf jährlich mehrere 100 Millionen Dollar belaufen. Die Problematik in der Hundezucht ist nicht so groß wie bei Nutztieren, da es nicht viele großbetriebliche Züchter gibt. Jedoch ist in solchen Großbetrieben die Kokzidiosebehandlung und Prävention unvermeidlich.

Sind bereits klinische Symptome vorhanden, empfiehlt es sich neben den Parasiten auch die klinischen Symptome zu bekämpfen und die Hunde vor der Dehydratation zu bewahren (BOCH et al., 1981; GASS, 1971; GASS, 1978). Ferner sollten Oozysten aus der Umgebung entfernt und Stresssituationen für das Tier vermieden werden (OLSON, 1985). Nach MEHLHORN et al., (1993) sollte immer über einen längeren Zeitraum behandelt werden. Eine leichte Kokzidiose muss gar nicht bekämpft werden, da sie sich selbst limitiert (EUZEBY, 1980; GASS, 1971; GASS, 1978), Jedoch halten KIRKPATRICK und DUBEY (1987) sowie FAYER (1978) auch die Bekämpfung einer leichten Kokzidiose für sinnvoll, weil damit die Kontaminierung der Umgebung mit Oozysten eingeschränkt wird.

2.10.1 Sulfonamidgruppe

Sulfonamide sind die einzigen Mittel zur Kokzidiosebekämpfung, die derzeit in Deutschland für den Hund zugelassen und verkehrsfähig sind.

Zum Erfolg der Kokzidiosebehandlung mit Sulfonamiden gibt es widersprüchliche Aussagen. DÜRR (1976) empfiehlt eine Behandlung mit einem Trimethoprim-Sulfonamid (Tribrissen®) an zwei Tagen. RANDSHAWA et al. (1997) behandelten einen an schwerer Kokzidiose erkrankten Greyhound Welpen drei Tage lang mit Sulfadimidin und Furadantin (ein Antibiotikum gegen Harnwegsinfektionen). Der Zustand des Tieres verbesserte sich schlagartig nach Behandlungsbeginn. Die Wirkstoffe und Wirkstoffkombinationen Sulfadimethoxin (Madribon), Sulfonamid+Trimethoprim (Borgal®) und Sulfamethoxazol+Trimethoprim

(Bactrim®) werden von NIEMAND (1976) als wirksam beschrieben. BRUNNTHALER (1977) überprüfte unter Praxisbedingungen die Wirksamkeit von Tribrissen® und Madribon® und sprach von nur mäßiger Wirkung. Außerdem erprobte er auch die Wirkung von Sulfaguanidin (Resulfon®), fand jedoch nach Beendigung der Therapie wieder Oozysten im Kot der Hunde. Alle diese Studien wurden ohne unbehandelte Kontrollgruppe durchgeführt und die Ergebnisse sind daher wenig aussagekräftig.

DUNBAR und FOREYT (1985) behandelten experimentell infizierte Hunde mit einem Kombinationspräparat aus Sulfadimethoxin und Ormetoprin und verglich die Oozystenausscheidung gegenüber unbehandelten Tieren. Erst bei einer Dosierung von 55 mg/kg KG Sulfadimethoxin und 11 mg/kg KG Ormetoprin und einer Gabe über 23 Tage erwies sich das Präparat als wirksam.

LINDSAY und BLAGBURN (1995) raten zur Behandlung mit Sulfonamiden, genau wie viele Lehrbücher (ECKERT et al., 2000; LÖSCHER et al., 1997; MEHLHORN et al., 1993; MEHLHORN, 2008).

Sulfonamide wirken kokzidiostatisch indem sie kompetitiv die Dihydrofolsäurereduktase hemmen, was zu einer Unterbrechung der Folsäuresynthese führt. Folsäure benötigen die Kokzidien zum DNA-, RNA- und Eiweißaufbau (LÖSCHER et al., 1997). Säugetiere decken ihren Folsäurebedarf über die Nahrung, somit sind Sulfonamide gut verträglich.

Sulfonamide werden hauptsächlich als Antibiotikum gegen Bakterien eingesetzt und es gibt keine reinen Kokzidiose-Präparate mit Sulfonamiden als Wirkstoff. Durch die antibiotische Wirkung von Sulfonamiden können auch Sekundärinfektionen an der durch Kokzidien vorgeschädigten Darmschleimhaut verhindert werden (GAL et al., 2007). Sulfonamide werden oft mit Trimethoprim (einem Antibiotikum) kombiniert, da es die antibakterielle Wirkung der Sulfonamide potenziert (HINAIDY, 1991).

Alle für Hunde zugelassenen Präparate basieren auf Sulfonamiden als Wirkstoff. Dies ist sehr riskant, da bei einer Resistenzbildung wie von BRUNNTHALER (1977) beschrieben keines der Präparate mehr wirkt (ECKERT et al., 2000). Alle Sulfonamide müssen über einen längeren Zeitraum verabreicht werden (ECKERT et al., 2000; MEHLHORN et al., 1993; MEHLHORN, 2008).

Tab. 3: Zugelassenen und verkehrsfähige Präparate gegen Hundekokzidiose in Deutschland (VETERINÄRMEDIZINISCHER INFORMATIONSDIENST FÜR ARZNEIMITTELANWENDUNG, 2009)

Präparatname	Wirkstoff	Darreichungsform	Dosierung mg/kg KG Wirkstoff
Kokzidiol SD®	Sulfadimethoxin	Pulver über das Futter	70-140
Sulfadimidin 100F®	Sulfadimidin	Pulver über das Futter	50-100
Sulfadimidin Na 100% AniMedica®	Sulfadimidin	Pulver über das Futter	50-100
Sulfamethoxy 25P®	Sulfamethoxypyridazin	Injektion (intravenös, subkutan, intramuskulär)	50-75

Gegen *I. suis* zeigte Sulfadimidin in Dosierungen von 200 mg/kg KG keinerlei Wirkung, obwohl es ebenfalls gegen Ferkelkokzidiose zugelassen ist (MUNDT et al., 2003; MUNDT et al., 2006; MUNDT et al., 2007). In einer nicht veröffentlichten Studie von GASDA und MUNDT (2008) konnte gute Wirksamkeit von Sulfamethoxypyridazin gegen *I. suis* festgestellt werden.

2.10.2 Amprolium

VOGT und WEBER (1973) untersuchten die Wirksamkeit von Amprolium (Amprolvet®). Die Oozystenausscheidung ging bei den Tieren zurück, jedoch trat Durchfall in den ersten Behandlungstagen verstärkt auf. Auch BRUNNTHALER (1977) stellte eine gute Wirksamkeit fest. LINDSAY und BLAGBURN (1995) raten zur Behandlung mit diesem Medikament. Dieses Kokzidiostatikum ist für Geflügel, Schafe, Rinder und Ziegen zugelassen und muss ebenfalls über mehrere Tage verabreicht werden.

2.10.3 Spiramycin

Dieses Präparat (Handelsname Selectomycin®) wurde von BRUNNTHALER (1977) gegen Hundekokzidiose mit Erfolg eingesetzt. Spiramycin ist eigentlich ein Antibiotikum für die Anwendung beim Menschen.

2.10.4 Triazine

2.10.4.1 Asymmetrische Triazine

CIESLICKI und LIPPER (1993) untersuchten die Wirksamkeit von Clazuril (Appertex®) gegen *Isospora*-Arten bei Hund und Katze nach Einmalgabe. Dieses Präparat ist eigentlich ein Antikokzidium, das für Geflügel zugelassen ist, es erwies sich jedoch auch bei Hunden als sehr gut wirksam

Diclazuril (Handelsname Vecoxan®) ist ein Antikokzidium, das für Lämmer und Rinder zugelassen ist. LLOYD und SMITH (2001) untersuchten die Wirksamkeit von Diclazuril gegen *Isospora* spp. nach experimenteller Infektion beim Hund. Zehn Tage nach der einmaligen Behandlung mit 25 mg/kg KG Diclazuril schieden 10 % bis 33 % der Hunde wieder Oozysten aus. Diclazuril erwies sich ebenfalls als nicht wirksam gegen *I. suis* (MUNDT et al., 2003; MUNDT et al., 2006; MUNDT et al., 2007).

2.10.4.2 Symmetrische Triazine/Toltrazuril

Toltrazuril (Handelsname Baycox®) ist das einzige Antikokzidium mit einem symmetrischen Triazin als Wirkstoff. Vorteil dieses Medikamentes ist es, dass es auch nach einmaliger Anwendung sehr gut wirksam ist (MEHLHORN, 2008). Es ist für Puten, Hühner, Tauben (Baycox® 2,5%), Schweine (Baycox® 50 mg/ml Suspension zum Eingeben für Schweine) und Rinder (Baycox® Bovis 50 mg/ml Suspension zum Eingeben) zugelassen.

Gegen *I. suis* ist bisher noch keine verminderte Wirksamkeit aufgetreten (MUNDT et al., 2003; MUNDT et al., 2006; MUNDT et al., 2007), jedoch gibt es bei Geflügel in einigen Betrieben bereits Resistenzproblematiken (STEPHEN et al., 1997; VERTOMMEN et al., 1990).

2.10.4.2.1 Wirksamkeit beim Hund

In der tierärztlichen Praxis findet Toltrazuril auch oft bei Hundekokzidiose Anwendung, was durch einfache Umwidmung durch den Tierarzt möglich ist (MEHLHORN, 2008). Lehrbücher empfehlen eine Dosierung von 10 mg /kg KG Toltrazuril täglich über vier bis fünf Tage (ECKERT et al., 2000; LÖSCHER et al., 1997).

ROMMEL et al. (1986) untersuchten die Wirksamkeit von Toltrazuril gegen *I. ohioensis* beim Hund. Sie behandelten experimentell infizierte Welpen zwei Tage nach Infektion über vier Tage mit einer Dosierung von täglich 10 mg/kg KG und stellten gute Wirksamkeit fest.

DAUGSCHIES et al. (2000) untersuchten ebenfalls die Wirksamkeit von Toltrazuril in verschiedenen Dosierungen. Experimentell mit *I. ohioensis*-Komplex infizierte Hunde wurden drei Tage nach Infektion mit 10 mg/kg KG, 20 mg/kg KG bzw. 30 mg/kg KG behandelt. Natürlich infizierte Tiere wurden einmalig mit 10 mg/kg KG behandelt. Bei den unbehandelten Kontrolltieren wurden zum Teil schwere Kokzidiosen festgestellt, alle behandelten Tiere blieben gesund und schieden keine Oozysten aus.

LLOYD und SMITH (2001) raten zu einer Behandlung mit 15 oder 30 mg/kg KG Toltrazuril täglich an zwei bis drei Tagen.

Die Wirksamkeit von Ponazuril, einem Toltrazuril-Sulfon, wurde in drei Studien getestet. BUEHL et al. (2006) untersuchten die Wirksamkeit bei experimentell mit *I. ohioensis*-Komplex infizierten Hunden. Die erste Gruppe wurde mit 20 mg/kg KG Ponazuril während der Patenz behandelt, die zweite Gruppe mit der gleichen Dosierung in der Präpatenz und die dritte Gruppe nach Mischinfektion (*I. ohioensis*-Komplex und *I. canis*) mit 40 mg/kg KG. In beiden Dosierungen erwies sich Ponazuril als wirksam. Dadurch, dass die unbehandelten Kontrolltiere der ersten Gruppe ab dem Behandlungstag kaum noch Oozysten ausschieden, war eine therapeutische Wirksamkeitsberechnung nicht möglich.

CHARLES et al. (2007) behandelten Hunde, die natürlich mit *I. ohioensis*-Komplex infiziert waren, mit 20, 30, 40 oder 50 mg /kg KG Ponazuril. Zwei weitere Gruppen wurden nach einer Woche nochmals mit 30 mg bzw. 20 mg /kg KG Ponazuril behandelt. Bei allen Behandelten Tieren ging die Oozystenausscheidung deutlich zurück.

REINEMEYER et al. (2007) infizierten Hunde mit 10 000 oder 50 000 *I. canis*-Oozysten. Die Tiere wurden 6, 8 oder 10 Tage nach Infektion mit 20, 30, 40 oder 50 mg/kg KG Ponazuril behandelt. Eine weitere Gruppe wurde 7 Tage nach der ersten Behandlung noch mal mit 30 mg/kg KG nachbehandelt. Bei allen behandelten Tieren ging die Oozystenausscheidung deutlich zurück.

Es gibt keine einheitliche Dosierungsempfehlung für Toltrazuril gegen *Isospora* spp. beim Hund und keine Information über die minimale wirksame Dosis. In allen Studien wurde das Medikament sehr gut vertragen und es sind keine Nebenwirkungen aufgetreten.

2.10.4.2.2 Chemische Charakterisierung von Toltrazuril

Triazine bestehen aus einem heterozyklischen Ring mit drei Stickstoffatomen. An jedem Kohlenstoffatom ist mit einer Doppelbindung ein Sauerstoff gebunden. An den Stickstoffatomen können verschiedene Restgruppen gebunden sein.

Tab. 4: Chemische Charakterisierung von Toltrazuril (BAYER HEALTHCARE TIERGESUNDHEIT, 2002)

Wirkstoff:	Toltrazuril
Stoffklasse:	Symmetrische Triazine
Chemischer Name:	1-Methyl-3-[3-methyl-4-[4-[(trifluoromethyl)thio]phenoxy]phenyl]-1,3,5-triazine-2,4,6(1H,3H,5H)-trion
Molekulargewicht:	425,39 Da
Empirische Formel:	$C_{18}H_{14}F_3N_3O_4S$

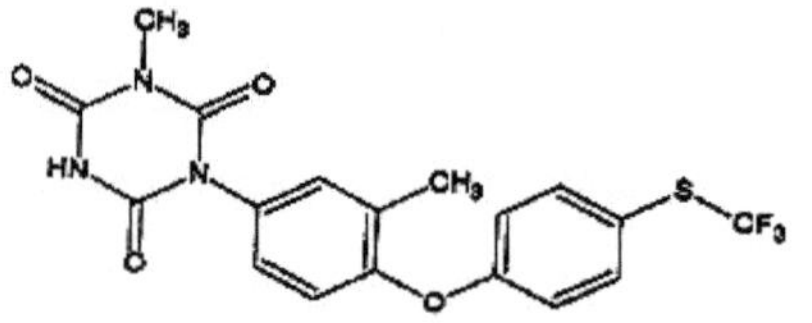

Abb. 2: Strukturformel von Toltrazuril (BAYER ANIMAL HEALTH GMBH, 2009)

2.10.4.2.3 Wirkungsweise von Toltrazuril

Toltrazuril wirkt kokzidiozid gegen Schizonten der ersten und zweiten Generation, sowie auf die Gamonten pathogener Eimerien (HABERKORN und MUNDT, 1987; MEHLHORN et al., 1993). DARIUS et al. (2004) stellten in einem in-vitro-Versuch gute Wirksamkeit ab 30 µg Toltrazuril pro ml Nährboden gegen *Neospora caninum* in Zellkulturen fest. HARDER und HABERKORN (1989) untersuchten den Wirkungsmechanismus von Toltrazuril an mit *Eimeria falciformis* infizierten Mäusenierenzellen und mit *Eimeria tenella* infizierten Hühnernierenzellen. Sie stellten nur eine schwache Wirkung bei der Hemmung von Dihydrofolsäurereduktase fest. Ferner entdeckten sie, dass Toltrazuril die Enzyme Succinat-Cytochrom-C-Reduktase, NADH-Oxidase und Succinat-Reduktase hemmt, was darauf schließen lässt, dass dieser Stoff die mitochondriale Respiration beeinflusst. Außerdem nehmen HARDER und HABERKORN (1989) an, dass zwei Enzyme der Pyrimidinsynthese durch Toltrazuril gehemmt werden. Jedoch ist der genaue Wirkungsmechanismus noch nicht erforscht.

2.11 Verträglichkeit von Miglyol

2.11.1 Allgemeines

Miglyol gehört zur Stoffgruppe der mittelkettigen Triglyceride (MCT) und ist in vielen Kosmetika und Nahrungsmitteln enthalten (JUNG, 1999; ROLAN et al., 1994; TRAUL et al., 2000). Miglyol ist frei verkäuflich und gilt als gut verträglich (JUNG, 1999; ROLAN et al., 1994; SELLERS et al., 2005).

2.11.2 Verträglichkeit von Miglyol bei Nagern

In diversen Studien wurde Ratten Miglyol per Magensonde oder oral verabreicht. Trotz zum Teil erheblichen Mengen des Neutralöls zeigte keine der Ratten gravierende Nebenwirkungen (EL-LAITHY, 2008; KAWAKAMI et al., 2002b; KAWAKAMI et al., 2002a; PALIN et al., 1982; PALIN und WILSON, 1984; SELLERS et al., 2005; WOOLFREY et al., 1989).
SELLERS et al. (2005) gaben Ratten vier Wochen lang eine Dosierung von täglich 30 ml/kg KG (ml pro kg Körpergewicht) Miglyol. Außer etwas weicherem Kot bei einer Ratte konn-

ten keine Nebenwirkungen festgestellt werden. Ratten vertragen MCT noch bis Dosierungen von 12,5 g/kg KG täglich (TRAUL et al., 2000). Bei Mäusen wirkt Miglyol erst ab Dosierungen von 25 ml/kg KG toxisch (TRAUL et al., 2000).

2.11.3 Verträglichkeit von Miglyol bei Kaninchen

JASSIES-VAN DER et al. (2009) stellten keine Unverträglichkeitsreaktionen bei Kaninchen nach oraler Gabe von Miglyol fest. MCT werden noch bis zu einer Dosierung von 9375 mg/kg KG als verträglich beim Kaninchen beschrieben (TRAUL et al., 2000).

2.11.4 Verträglichkeit von Miglyol und MCT bei Menschen

ISAACS et al. (1987) und LADAS et al. (1984) untersuchten den Effekt von MCT auf die Gallenblase. Sie gaben Probanden 300 ml MCT pro Person, was die Gallenblase leicht vergrößerte.

SIEGEL et al. (1985) stellten fest, dass bei Frühchen nach der Gabe von 22 ml/kg KG MCT die Magenentleerung angeregt wird. TANCHOCO et al. (2007) fanden heraus, dass sich MCT positiv auf die Gewichtszunahme bei an Durchfall erkranken Kindern auswirken. Einen ähnlichen Effekt stellten auch SINGHANIA et al. (1989) fest. Sie reicherten Muttermilch mit MCT an und erzielten ein besseres Wachstum von Frühchen.

In einer Studie von JUNG (1999) wurde Probanden Miglyol per Magensonde verabreicht. Es traten keine Nebenwirkungen auf.

MACIVER et al. (1990) therapierten Bluthochdruck-Patienten mit Miglyol und stellte einen positiven Effekt auf den Blutdruck fest.

ROLAN et al. (1994) konnten nach oraler Gabe von 30 ml Miglyol an Probanden keine Unverträglichkeitsreaktionen feststellen.

In keiner der oben genannten Studien erbrach sich ein Patient.

2.11.5 Verträglichkeit von MCT bei Hunden

MILES et al. (1991) verabreichte Hunden MCT intravenös. Alle Tiere vertrugen die Injektion gut.

In einer Studie von CHENGELIS et al. (2006) wurde Hunden 52 Tage lang eine MCT-haltige Diät verabreicht und zeigten keine Nebenwirkungen.

OHNEDA et al. (1984) untersuchten die Reaktion des Darms bei Hunden nach Verabreichung von 2g/kg KG Trikaprylin per Magensonde. Trikaprylin besteht zu 88% aus MCT.

PORTER et al. (2004) verabreichten in einer anderen Studie Beaglen 6 g/kg KG MCT ohne Nebenwirkungen.

In einer Verträglichkeitsstudie von MATULKA et al. (2009) wurde Beaglen 90 Tage lang dem Futter 0, 5, 10 bzw. 15 % MCT zugesetzt (bezogen auf die Futtermenge). Keine Anzeichen von Toxizität konnten festgestellt werden, jedoch zeigten die hoch dosierten Gruppen einen höheren Kalium-, Harnstoff-Stickstoff-Gehalt und Cholesterinspiegel im Blut. In den gleichen Gruppen wurden ein geringerer Proteingehalt im Blut und ein geringeres Urinvolumen festgestellt. Außerdem war bei den Tieren mit 15 % MCT-Futterzusatz die Futteraufnahme leicht vermindert.

2.11.6 Verträglichkeit von Miglyol bei Hunden

PERLMAN et al. (2008) behandelte acht bis zwölf Hunde oral mit 30 mg eines miglyolhaltigen Softgels und PORTER et al. (1996 und 2004) verabreichten vier Hunden Gelatinekapseln, die mit 6g Miglyol gefüllt waren. Es konnten keine Nebenwirkungen feststellt werden. Miglyol ist Lösungsmittel des Präparates Galastop, das bei erwachsenen Hündinnen zur Behandlung von Scheinträchtigkeit Anwendung findet. Dieses Medikament wird oral appliziert in einer Dosierung von 0,1 ml/kg KG. Als Nebenwirkung wird Erbrechen als selten und mit mäßiger Ausprägung beschrieben (VETERINÄRMEDIZINISCHER INFORMATIONSDIENST FÜR ARZNEIMITTELANWENDUNG, 2009).

3 Ziel der Studien

Ziel der Studien war es herauszufinden, wie die Kontaminierung der Umwelt mit *Isospora* spp. Oozysten verhindert und bekämpft werden kann. Eine neue kokzidiozide Suspension für Hunde wurde auf Wirksamkeit und Verträglichkeit bei infizierten Hunden untersucht und die Möglichkeit der Desinfektion bereits kontaminierter Umgebung überprüft.

4 Studienabfolge

4.1 Etablierung des Infektionsmodells

Um Wirksamkeitsstudien an Hunden durchzuführen, musste zunächst ein Infektionsmodell etabliert werden. Dazu wurden Hunde verschiedenen Alters mit einer unterschiedlichen Anzahl von Oozysten infiziert und der Infektionserfolg anhand der ausgeschiedenen Oozystenmenge überprüft. Zusätzlich konnten Erkenntnisse über Patenz und Präpatenzzeit der Kokzidien gewonnen werden und danach Behandlungszeitpunkte festgelegt werden.

4.2 Verträglichkeitsstudien

Zunächst sollte die toltrazurilhaltige Suspension für Welpen auf dem Lösungsmittel Miglyol basieren. Nachdem es zu Nebenwirkungen kam, wurden Verträglichkeitsstudien durchgeführt, um genauere Erkenntnisse über die Ursache der Unverträglichkeit zu erlangen. Aufgrund dieser Erkenntnisse wurde daraufhin als Lösungsmittel Sonnenblumenöl verwendet.

4.3 Wirksamkeitsstudien

Die Wirksamkeit von zwei Dosierungen wurde getestet. Außerdem wurden sowohl Behandlungszeitpunkte während der Präpatenz (metaphylaktisch) als auch während der Patenz (therapeutisch) gewählt und die Wirksamkeit von Toltrazuril überprüft.

4.4 Desinfektionsmittelversuch

Außer der Verhinderung der Oozystenausscheidung sollte auch die Möglichkeit der Desinfektion bereits kontaminierter Umgebung untersucht werden. Deshalb wurde die Wirksamkeit zweier Desinfektionsmittel gegen *Isospora*-Oozysten in vitro überprüft.

5 In-vivo-Studien, allgemeiner Versuchsaufbau

5.1 Versuchstiere und Versuchstierhaltung

Versuchstiere: Alle Versuchstiere waren Beagle, die entweder bei der Harlan Winkelmann GmbH in 33178 Borchen oder Marshall Bioresources, Greenhill, 25018 Montichiari, Italien gezüchtet wurden. Die Beagle wurden bis zum Alter von acht bis neun Wochen beim Züchter aufgezogen und nach dem Absetzen in die Versuchseinrichtung gebracht.

Mutterhündinnen wurden beim Züchter gedeckt und tragend in die Versuchseinrichtung transportiert, wo sie ihre Welpen zu Welt brachten. Diese wurden natürlich aufgezogen und mit ihren Müttern und Wurfgeschwistern zusammen gehalten.

Fütterung: Muttertiere und Welpen nach dem Absetzen wurden einmal täglich mit Trockenfutter (z.B.: sniff extrudiert, sniff Spezial Diäten GmbH, Soest) nach den Empfehlungen des Herstellers gefüttert. Das Futter wurde in einer fest installierten Futterraufe aus Edelstahl angeboten.

Nach der zweiten Lebenswoche wurden Welpen vor dem Absetzen morgens und nachmittags mit Feuchtfutter (z.B.: Eukanuba, The Iams Company, Ohio, USA) aus Plastikfutternäpfen zugefüttert.

Haltung: Die Zwinger waren gekachelt und durch Edelstahlgitter von den Nachbarzwingern abgegrenzt. Sie wurden mit künstlichem Licht von 6 bis 18 Uhr per Zeitschaltuhr und durch Tageslicht beleuchtet. Bei einigen Zwingern war ein durch eine Klappe dem Zwinger zugehöriger, ebenfalls gekachelter Außenauslauf zu erreichen. Durch die zu überwindende Stufe konnten die Welpen den Außenbereich erst ab der fünften bis sechsten Lebenswoche nutzen. Der Außenauslauf stand den Tieren von ca. 8 bis 15 Uhr zur Verfügung.

Ein Zwinger und ein Außenbereich waren je ca. 6 m² groß. Für die Hündinnen mit Welpen wurden zwei bis vier Zwinger miteinander verbunden, um mehr Raum anzubieten. Welpen nach dem Absetzen wurden einzeln in je einem Zwinger gehalten.

Innen und außen stand den Hunden durch ein Nippeltrinksystem Wasser ad libitum zur Verfügung.

Im Innenbereich befand sich für Mutterhündinnen eine Wurfbox mit Gummieinlage, für Welpen nach dem Absetzen eine Liegebox aus Plastik. Bis zur zweiten oder dritten Lebenswoche konnten Welpen die Wurfbox nicht verlassen.

Hartplastikbälle oder Holzknochen lagen zur Beschäftigung in jedem Zwinger.

Reinigung: Vor Einstellung wurden alle Zwinger mit Neopredisan® desinfiziert. Einmal täglich wurden die Zwinger mit warmem Wasser ausgespritzt und die Plastikfutternäpfe gereinigt.

Identifizierung: Allen Hunden wurde vor Studienbeginn ein Mikrochip implantiert. Die letzten vier Ziffern der Mikrochipnummer ergab die Tiernummer. Bei noch nicht abgesetzten Welpen wurde jedem Wurf ein Buchstabe zugeordnet, und die Tiernummer setzte sich aus dem Wurfbuchstaben und den letzten vier Ziffern der Mikrochipnummer zusammen.

5.2 Veterinärmedizinische Untersuchung, allgemeine Gesundheitsüberwachung und Verträglichkeitsuntersuchung

5.2.1 Veterinärmedizinische Untersuchung

Alle Welpen wurden wenigstens einmal vor Studienbeginn tierärztlich untersucht und nur gesunde Tiere wurden in die Studien eingeschlossen. Bei dieser, immer von einem Veterinär durchgeführten Untersuchung, wurden Herz- und Lungengeräusche des Hundes mit einem Stethoskop überprüft. Die Körperkerntemperatur wurde mittels eines Fieberthermometers gemessen. Außerdem wurden die Farbe der Schleimhäute, Urogenitalregion, Ohren und Nase auf Rötung und Ausfluss begutachtet. Die Lymphknoten wurden abgetastet und auf Veränderungen untersucht. Die kapilläre Füllungszeit wurde gemessen.

5.2.2 Allgemeine Gesundheitsüberwachung

Täglich bei der Reinigung der Käfige und der Fütterung der Tiere wurde vom Tierpfleger das Allgemeinbefinden der Hunde überprüft und dokumentiert. Besonders wurde auf die Atmung (Hecheln, Husten), Erscheinungsbild (Fell, Bewegung) und das Verhalten (Aufmerksamkeit, Aktivität) geachtet.

Bei auffälligen Befunden wurde ein Tierarzt hinzugezogen und eine veterinärmedizinische Untersuchung durchgeführt. Nach dieser Untersuchung konnte ein Tier bei schweren gesundheitlichen Problemen aus der Studie ausgeschlossen werden.

5.2.3 Verträglichkeitsuntersuchung

An Behandlungstagen wurde vor und bis wenigstens vier Stunden nach Behandlung die Verträglichkeit überprüft.

Bei den Verträglichkeitsuntersuchungen wurde auf Veränderungen der Augen, im Allgemeinbefinden, der Atmung, der Kotkonsistenz und des Nervensystems (Tremor) geachtet. Außerdem wurde Vomitus, Speicheln und teilweise die Futteraufnahme dokumentiert.

Kot und Vomitus wurden nach der Untersuchung aus dem Zwinger entfernt. Bei Welpen vor dem Absetzen wurde die Kotkonsistenz meist für den ganzen Wurf bestimmt.

5.3 Kotprobennahme und koproskopische Untersuchungen

5.3.1 Kotprobennahme

Bei den bereits abgesetzten älteren Welpen wurde Kot morgens vom Tierpfleger gesammelt.
Nach der Fütterung wurden die Welpen, die noch nicht abgesetzt waren, einzeln in abgetrennte Käfige oder Transportboxen für Hunde (Vari Kennelboxen) gesetzt. Nach Defäkation oder maximal drei Stunden wurden die Tiere wieder zurück zu ihren Müttern gesetzt. Die Welpen, die bis dahin keinen Kot abgesetzt hatten, wurden nach etwa zwei Stunden noch einmal einzeln gesetzt. Eventuell wurde noch etwas Futter angeboten.
Es war aufgrund der Haltung und des Alters der Welpen nicht möglich, täglich von jedem Welpen individuell Kot zu sammeln.

5.3.2 Koproskopische Untersuchung

Direkt nach dem Kotsammeln wurde die Kotkonsistenz beurteilt. Der Kot wurde als normal, weich, Durchfall oder wässriger Durchfall eingestuft. Falls blutige Bestandteile im Kot waren, wurde das ebenfalls dokumentiert.
Die mikroskopische Untersuchung auf parasitäre Entwicklungsstadien konnte teilweise erst einige Tage nach dem Kotsammeln erfolgen. Der Kot wurde in dem Fall bei Raumtemperatur oder im Kühlschrank gelagert.
Die Untersuchung auf parasitäre Stadien im Kot erfolgte nach der McMaster-Methode zur Bestimmung von Eiern pro Gramm Kot (WETZEL, 1951). Hierzu wurden 4 g Kot in wenig gesättigter Natriumchlorid-Lösung gelöst und das Volumen auf 60 ml aufgefüllt. Grobe Partikel wurden mit dem Sieb entfernt. Nach kurzem Rühren der Lösung wurde diese in eine McMaster-Zählkammer für Katzenkot pipettiert und die Oozysten konnten ausgezählt werden. Unter einem Zählfeld befinden sich bei diesen Zählkammern 150 µl Lösung. Bei einem Verhältnis von 4 g Kot und 60 ml Kochsalzlösung ergibt das 0,01 g Kot pro Zählfeld.
Die ausgezählten Oozysten wurden mit 100 multipliziert, dies ergibt die Anzahl der Oozysten pro Gramm Kot (OpG). Da immer entweder zwei oder drei Felder ausgezählt wurden, musste die Anzahl der ausgezählten Oozysten noch durch zwei bzw. drei dividiert werden.
Bei sehr geringen Kotmengen wurde entsprechend weniger Kochsalzlösung verwendet um das Mischverhältnis von Kotmenge und Flotationsmedium konstant zu halten. Waren sehr viele Oozysten im Kot wurde die Probe oder eine Teilmenge der Probe verdünnt und der Verdünnungsfaktor bei der Berechnung der OpG mitberücksichtigt.

5.3.3 Statistische Auswertung

5.3.3.1 Wirksamkeitsberechnung

Die Oozystenreduktion wurde für alle Tage berechnet, an denen die Kontrollgruppe eine adäquate Infektion aufwies. Als adäquate Infektion wurde eine Oozystenausscheidung von ≥ 1000 OpG bzw. ≥ 500 von mindestens sechs Tieren der Kontrollgruppe angesehen.
Die Oozystenreduktion der behandelten Tiere gegenüber den Kontrolltieren wurde für jeden Tag einzeln nach den Richtlinien der World Association for the Advancement of Veterinary Parasitology (W.A.A.V.P.) nach folgender Formel berechnet:
% Reduktion = (N2-N1) /N2 X 100
N1 = Geometrisches Mittel der Oozystenausscheidung der Behandlungsgruppe
N2 = Geometrisches Mittel der Oozystenausscheidung der Kontrollgruppe
Das Geometrische Mittel der Oozystenausscheidung wurde errechnet, indem zu jedem einzelnen OpG Wert eins dazu addiert wurde. Daraufhin wurde jeder Wert dekadisch logarithmiert (zur Basis 10) und von diesen Werten das arithmetische Mittel berechnet. Dieser Wert wurde wieder endlogarithmiert und eins subtrahiert.

5.3.3.2 Statistische Auswertung der Körpergewichte, Kotkonsistenz und Oozystenausscheidung

Die Signifikanzprüfung erfolgte mit dem Wilcoxon-Rangsummentest.
Die Gewichtszunahme der einzelnen Tiere der Kontrollgruppe wurde jeweils mit der Gewichtszunahme der Tiere aus einer Behandlungsgruppe verglichen.
Für die Signifikanzprüfung der Kotkonsistenz wurde für jedes einzelne Kontroll- und Behandlungstier die Anzahl der Tage mit Kotveränderungen (blutiger Kot, Durchfall) ermittelt und diese dann zwischen Behandlungs- und Kontrolltieren verglichen.
Die Signifikanzprüfung der Oozystenausscheidung erfolgte tageweise. Die OpG Werte der einzelnen Tiere aus den verschiedenen Gruppen wurden verglichen.
Die statistischen Berechnungen erfolgten unter Zuhilfenahme des Computerprogramms R Version 2.9.0.

6 Etablierung des Infektionsmodells

6.1 Ziel der Infektionsstudien

Nach experimenteller Infektion sollte ein typischer Infektionsverlauf mit Präpatenz und Patenz, wie in der Literatur beschrieben, erfolgen. Außerdem sollten die Hunde leichte Krankheitssymptome wie Durchfall entwickeln und hohe Oozystenausscheidungen (OpG im fünfstelligen Bereich) erreichen.

6.2 Material und Methoden

Zur Etablierung des Infektionsmodells wurden Hunde vor oder nach dem Absetzen mit verschiedenen Infektionsdosen infiziert. Der Tag der experimentellen Infektion ist definiert als Studientag (ST) 0.

6.2.1 Gewinnung des Infektionsmaterials

Das Infektionsmaterial wurde von verschiedenen natürlich infizierten Hunden gewonnen (Feldisolat).

Der Kot infizierter Hunde wurde über mehrere Tage gesammelt und in Trinkwasser gelöst. Durch die Zugabe des Flotationsmediums (1 kg Zucker auf 1 l Leitungswasser) und Zentrifugation konnten die Oozysten aus dem Kot isoliert werden. Nach mehrmaligem Auswaschen mit Trinkwasser wurden die Oozysten in 2 %iger Kaliumdichromatlösung aufbewahrt und im Klimaschrank bei 28 °C und 80 % relativer Luftfeuchte inkubiert. Nach einigen Tagen waren die Oozysten sporuliert und konnten im Kühlschrank aufbewahrt werden, wo sie ein halbes Jahr lang infektiös blieben.

6.2.2 Infektion der Hunde

Die Oozysten aus der Kultur wurden durch mehrmaliges Zentrifugieren in Trinkwasser aus dem Kaliumdichromat ausgewaschen und die Anzahl der Oozysten in 20 µl Suspension gezählt. Daraufhin wurde das Applikationsvolumen mit der gewünschten Infektionsdosis berechnet. War dieses sehr hoch, konnte es durch Zentrifugieren und Abnahme eines Teils des Überstandes reduziert werden.

Den Hunden wurde die Oozystensuspension mit einer Pipette oral auf den Zungengrund appliziert.

6.2.3 Überprüfung des Infektionserfolgs

Kotproben wurden vor der Infektion, während der Präpatenz und während der Patenz gesammelt und auf Oozysten untersucht. Die angenommene Präpatenzzeit für *I. ohioensis*-Komplex lag bei fünf bis sieben Tagen und für *I. canis* bei neun bis zwölf Tagen.

6.3 Infektionsversuche mit *I. canis*

6.3.1 Übersicht

Insgesamt wurden sechs Infektionsversuche mit *I. canis* an Hunden verschiedenen Alters mit verschiedenen Infektionsdosen durchgeführt.

Tab. 5: Übersicht über Infektionsversuche mit *I. canis*

Versuch	Anzahl der Hunde	Alter der Hunde [Wochen]	Infektionsdosis/Tier
1	8	12-16	20 000 Oozysten
2	13	8-12	34 000 Oozysten
3	7	12	40 000 Oozysten
4	3	3-4	20 000 Oozysten
5	2	3	40 000 Oozysten
6	9	4-5	60 000 Oozysten

Zunächst wurde versucht, bereits abgesetzte Hunde zu infizieren, da das Kotsammeln bei älteren Hunden sehr viel weniger Aufwand erfordert. Jedoch zeigte sich ein untypischer Infektionsverlauf mit geringen Oozystenausscheidungen. Deshalb wurden noch nicht abgesetzte jüngere Tiere zunächst mit 20 000 Oozysten infiziert. Wegen der geringen Oozystenausscheidung und des subklinischen Verlaufs wurde anschließend mit doppelter und schließlich mit dreifacher Infektionsdosis infiziert, bis der gewünschte klinische Verlauf und die gewünschten Ausscheidungsmengen an Oozysten erreicht wurden.

6.3.2 Versuch 1

6.3.2.1 Material und Methoden

Acht Welpen wurden nach dem Absetzen im Alter von 12 bis 16 Wochen mit ca. 20 000 *I. canis*-Oozysten infiziert. Einen Tag vor Infektion und von ST 3 bis ST 24 wurden individuelle Kotproben gesammelt. Die Kotkonsistenz wurde bei diesem Versuch nicht beurteilt.

6.3.2.2 Ergebnisse

Die acht Welpen waren bei Infektion bereits neun Wochen alt und somit schon abgesetzt. Bereits einen Tag vor Infektion wurden sowohl *I. canis* als auch *I. ohioensis*-Komplexes im Kot nachgewiesen. Die einzelnen Tiere schieden an vereinzelten Tagen geringe Mengen Oozysten aus (Maximum OpG *I. canis*: 1767, *I. ohioensis*-Komplex: 23 364), ein Infektionsverlauf ist nicht erkennbar. Im geometrischen Mittel schieden die Tiere für *I. canis* an allen Tagen nach Behandlung nicht mehr als 4 OpG aus, für *I. ohioensis*-Komplex waren die Ausscheidungsraten an ST -1 am höchsten, danach ebenfalls nur geringgradig (im geometrischen Mittel ≥ 11 OpG). Insgesamt wurden fast zwölf mal so viele *I. ohioensis*-Komplex Oozysten wie *I. canis*-Oozysten ausgeschieden (Gesamtzahl OpG über alle Tiere und Tage: 106 593 *I. ohioensis*-Komplex und 8966 *I. canis*).

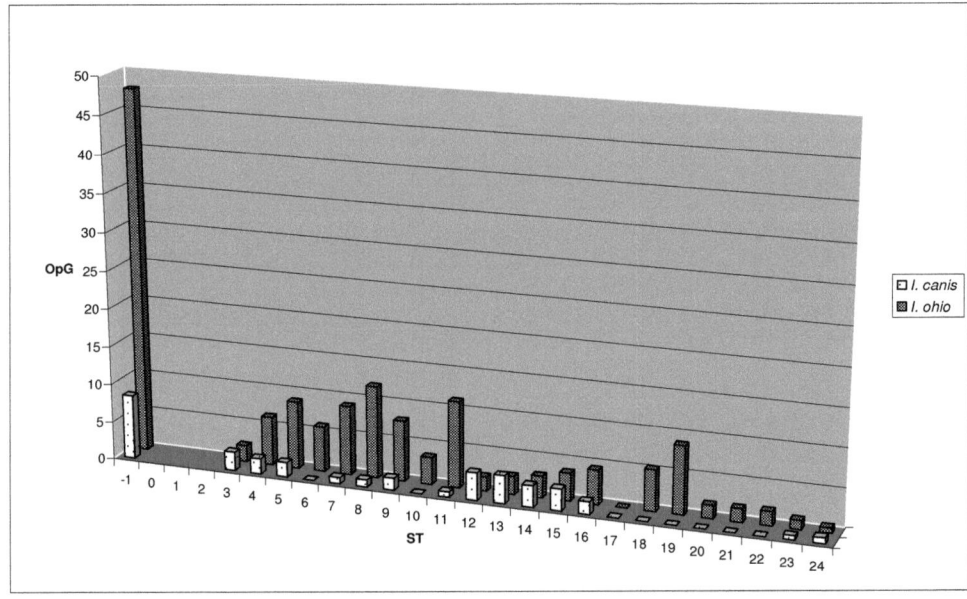

Abb. 3: Geometrische Mittelwerte OpG, Infektionsdosis: 20 000 *I. canis*-Oozysten in acht abgesetzten Welpen; (*I. ohio* = *I. ohioensis*-Komplex)

6.3.2.3 Diskussion

Da bereits vor der experimentellen Infektion Oozysten im Kot gefunden wurden, waren die Tiere bereits natürlich infiziert. Ersten Kontakt zu diesem Parasiten hatten die Hunde vermutlich bereits in ihren ersten Lebenswochen beim Züchter, der nach eigenen Angaben in seiner Einrichtung ein sehr großes Kokzidioseproblem hat. Dies ist nicht ungewöhnlich, da

nach Kokzidiose ein häufiges Problem in Großbetrieben ist, wozu der Züchter mit zehn Würfen pro Woche zählt. Dies würde auch das Auftreten der *I. ohioensis*-Komplex-Infektion erklären.
Möglicherweise entwickelten die Tiere während der Präpatenz bereits eine Immunität gegen *I. canis* aus, so dass die experimentelle Infektion keine Auswirkungen mehr zeigte. Gleiches stellten LEPP und TODD, JR. (1974) fest, die Hunde einen, zwei und sechs Monate nach Erstinfektion reinfizierten. Auch LEE (1934) konnte zeigen, dass nach Erstinfektion zunächst eine Immunität gegen weitere Infektionen vorliegt, diese aber seiner Meinung nach nicht nachhaltig ist. BECKER (1980) stellte bereits elf Tage nach Infektion von Hunden mit *I. canis* einen hohen Antikörpertiter gegen diesen Parasiten fest. 73 Tage nach Erstinfektion war der Titer noch nicht zurückgegangen, trotzdem konnte BECKER (1980) die Hunde erfolgreich reinfizieren, wobei die Infektion aber sehr milde mit stark verkürzter Patenz verlief. TSANG und LEE (1975) stellten nach überstandener Erstinfektion guten Immunschutz von mit *I. canis* infizierten Hunden fest und konnten sogar durch Übertragung des Serums auf nicht-immunkompetente Tiere einen Ausbruch der Infektion verhindern. Somit ist es gut möglich, dass die Tiere schon einen ausreichenden Immunschutz aufgebaut hatten, was den Ausbruch der experimentellen Infektion verhinderte.

6.3.3 Versuch 2

6.3.3.1 Material und Methoden

13 Welpen wurden nach dem Absetzen im Alter von acht bis zwölf Wochen mit ca. 34 000 *I. canis* Oozysten infiziert. Individualkot wurde zwei und einen Tag vor der Infektion, am Tag der Infektion und an ST 2 gesammelt. Ab ST 4 bis ST 20 wurden täglich Kotproben genommen.

6.3.3.2 Ergebnisse

Kotveränderungen traten bei allen Tieren auf. An ST -2 hatten alle Tiere weichen Kot und zwei Hunde Durchfall. Bis Studienende kamen immer wieder Durchfall und weicher Kot vor. Ein Hund wies sechs Tage hintereinander Durchfall auf (ST 7 bis ST 12). Insgesamt zeigten 32,2 % aller gesammelten Kotproben Veränderungen in der Konsistenz (davon 86 % weicher Kot, 11 % Durchfall, 1 % weicher Kot mit Blut und 1 % blutiger Durchfall).
Bereits vor Infektion schieden 10 der 13 Hunde *I. canis*-Oozysten aus (500 bis 7326 OpG). Die Infektion ging bis ST 4 wieder zurück, stieg danach aber bei drei Tieren bis ST 9 wieder an. An ST 12 waren wieder neun Tiere patent, jedoch schieden vier von ihnen nur spo-

radisch Oozysten aus. Die anderen fünf schieden große Mengen Oozysten aus. Sechs Tiere erreichten Oozystenausscheidung im fünfstelligen Bereich nach der Infektion.

Acht Hunde schieden vor der Infektion mit *I. canis* Oozysten des *I. ohioensis*-Komplexes aus (100 bis 18 414 OpG). An ST 2 und ST 4 waren nur noch fünf Tiere patent, an ST 6 zeigten dann wiederum alle Tiere einen positiven Befund. Danach ging die Infektion wieder zurück und ab ST 9 wurden nur noch sporadisch Oozysten des *I. ohioensis*-Komplexes ausgeschieden. Gesamtzahl OpG über alle Tage und Tiere: 2 127 437 OpG für *I. canis* und 287 339 für *I. ohioensis*-Komplex.

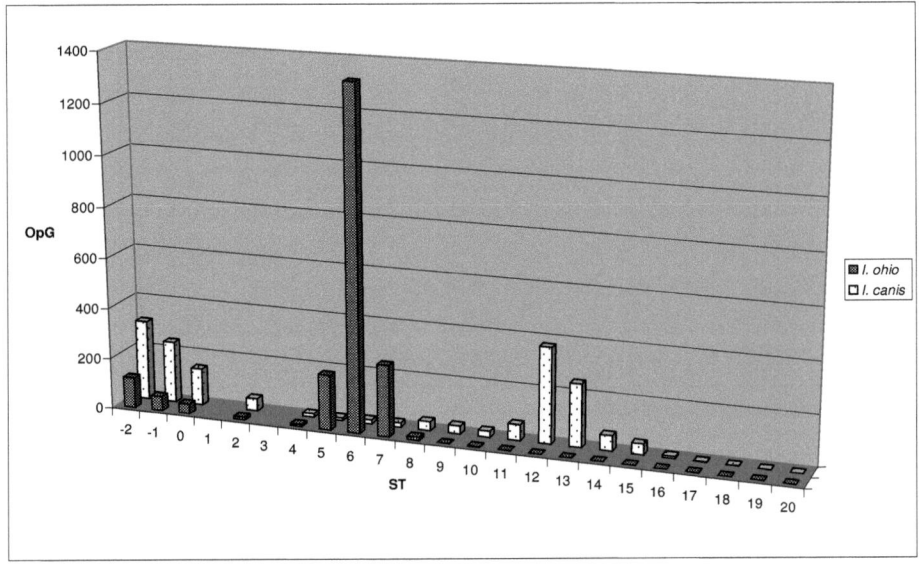

Abb. 4: Geometrische Mittelwerte OpG, Infektionsdosis: 34 000 *I. canis*-Oozysten in 13 abgesetzten Welpen; (*I. ohio* = *I. ohioensis*-Komplex)

6.3.3.3 Diskussion

Auch diese Tiere brachten bereits eine natürliche Infektion vom Züchter mit, was die hohen Ausscheidungsraten vor ST 0 erklärt.

Der leichte Anstieg der Oozystenausscheidung an ST 9 bis 13 ist eventuell auf die experimentelle Infektion zurückzuführen, was mit den Angaben über die Präpatenz von ROMMEL et al. (2000) übereinstimmt. Jedoch war die Patenz sehr kurz und nur fünf Tiere schieden größere Mengen Oozysten aus. Gleiches stellte auch BECKER (1980) fest, die Beagle 73 und 126 Tage nach Erstinfektion reinfizierte und nur geringe Oozystenausscheidung und eine stark verkürzte Patenz feststellte. Offensichtlich hatten die Tiere schon einen gewissen Antikörpertiter gegen *I. canis* aufgebaut, der aber trotzdem die experimentelle Infektion nicht vollständig verhindern konnte (BECKER, 1980).

Ein typischer Infektionsverlauf mit einer Präpatenz von neun Tagen und einer Patenz von elf Tagen konnte nur bei einem Tier festgestellt werden (MITCHELL et al., 2007).

Alle anderen Tiere schieden entweder sehr wenig Oozysten aus oder waren über den gesamten Studienzeitraum patent. Die experimentelle Infektion überlagerte sich mit der natürlichen (LEE, 1934; LEPP und TODD, JR., 1974), so dass kein typischer Infektionsverlauf erkennbar war.

6.3.4 Versuch 3

6.3.4.1 Material und Methoden

Sieben Welpen wurden nach dem Absetzen im Alter von zwölf Wochen mit ca. 40 000 *I. canis* Oozysten infiziert. An ST -6 und von ST -4 bis ST 23 wurden individuelle Kotproben gesammelt. Die Kotkonsistenz wurde bei dieser Studie nicht dokumentiert.

6.3.4.2 Ergebnisse

Alle sieben abgesetzten Welpen schieden an ST -6 bereits *I. canis* Oozysten aus (33 bis 6 966 OpG). An ST 7 ging die Infektion zurück und es waren nur noch zwei Tiere patent. An ST 12 erreichte ein Hund noch einmal eine Oozystenausscheidung von über 2000 OpG, ansonsten wurden aber nur von wenigen Tieren wenige Oozysten ausgeschieden. Ab ST 17 waren alle Tiere negativ

Oozysten des *I. ohioensis*-Komplexes wurden nur gelegentlich in ganz geringer Anzahl gefunden.

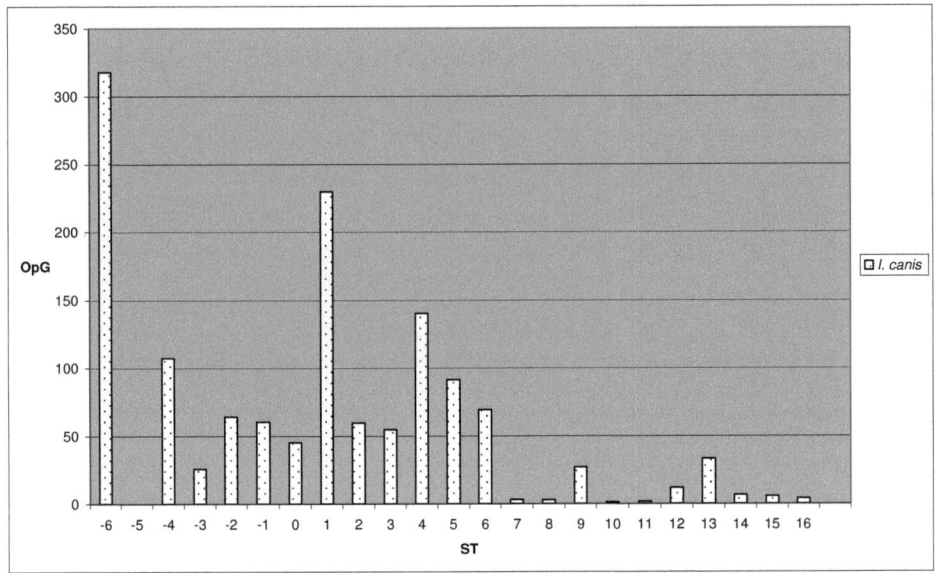

Abb. 5: Geometrische Mittelwerte OpG, Infektionsdosis: 40 000 *I. canis*-Oozysten in sieben abgesetzten Welpen

6.3.4.3 Diskussion

Die Tiere waren ebenfalls natürlich infiziert und zeigten zwischen ST -6 und ST 6 hohe Oozystenausscheidung. Die experimentelle Infektion erfolgte während der Patenz der natürlichen Infektion. Nach ST 6 hatten die Welpen die natürliche Infektion überstanden und die experimentelle Infektion hatte kaum noch Auswirkungen auf den Verlauf der Ausscheidung (LEE, 1934; LEPP und TODD, JR., 1974). Ein typischer Krankheitsverlauf war nicht erkennbar (MITCHELL et al., 2007; ROMMEL et al., 2000b).

6.3.5 Versuch 4

6.3.5.1 Material und Methoden

Drei Wurfgeschwister wurden im Alter von drei bis vier Wochen mit ca. 20 000 *I. canis*-Oozysten infiziert. Einen Tag vor der Infektion wurde der Kot der Mutter untersucht. Kot der Welpen wurde täglich von Tag 5 bis Tag 22 post infectionem gesammelt. Trotz der geringen Tierzahl wurde zur Vergleichbarkeit der Studien das geometrische Mittel der OpGs berechnet.

6.3.5.2 Ergebnisse

Ab ST 10 traten erste Veränderungen in der Kotkonsistenz auf. Ein Welpe hatte an drei Tagen weichen Kot, ein anderer an ST 11 Durchfall und an ST 19 weichen Kot. Alle anderen gesammelten Kotproben wiesen eine normale Konsistenz auf.

Die gesammelte Kotprobe der Mutterhündin einen Tag vor der Infektion und die Sammelkotprobe der Welpen nach dem Absetzen wiesen jeweils einen negativen Befund auf.

Nach elf Tagen wurden die ersten Oozysten von *I. canis* im Kot gefunden. Alle Hunde schieden ab ST 12 wenigstens an einem Tag über 1300 OpG aus. Bis ST 19 wurden Oozysten ausgeschieden, danach wurden nur noch vereinzelt wenige Oozysten im Kot gefunden. Die höchste Ausscheidung erreichte ein Tier an ST 12 mit 4154 OpG, insgesamt lag die Oozystenausscheidung im geometrischen Mittel immer unter 5600 OpG.

Neben *I. canis* wurden auch Oozysten des *I. ohioensis*-Komplexes im Kot gefunden. Die ersten Oozysten des *I. ohioensis*-Komplexes wurden an ST 7 nachgewiesen, alle Hunde schieden an diesem Tag mehr als 3100 OpG aus. An ST 10 war nur noch ein Hund positiv (200 OpG) und an ST 11 schied keines der Tiere mehr Oozysten aus. Ab ST 12 flammte die Infektion erneut auf, und alle Welpen schieden mindestens 1933 OpG aus. Die Infektion hielt bis ST 16 an, danach wurden nur noch an vereinzelten Tagen sporadisch Oozysten ausgeschieden. Die *I. ohioensis*-Komplex-Infektion übertraf quantitativ die *I. canis*-Infektion (Gesamtzahl OpG über alle Tiere und Tage: 70 831 *I. ohioensis*-Komplex und 19 889 *I. canis*).

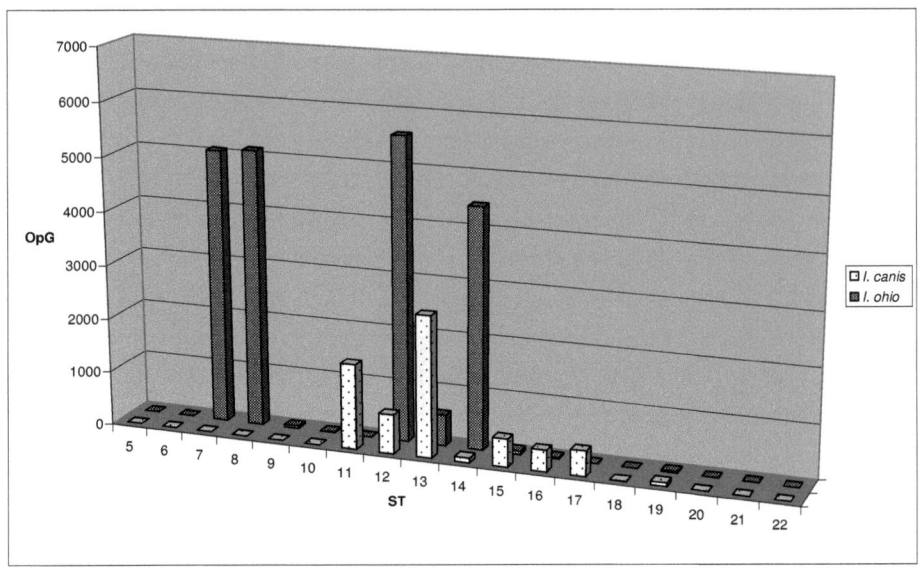

Abb. 6: Geometrische Mittelwerte OpG, Infektionsdosis: 20 000 *I. canis*-Oozysten in drei nicht abgesetzten Welpen; (*I. ohio* = *I. ohioensis*-Komplex)

6.3.5.3 Diskussion

Die Infektion verlief weitgehend subklinisch. Durchfall trat nur bei einem Tier an einem Tag auf. Gleiches beschrieben auch LEPP und TODD, JR. (1974), die Welpen mit 10 000 bis 15 000 *I. canis*-Oozysten infizierten und NEMESÉRI (1960), der Hunde mit 5000 Oozysten infizierte.

Eine Präpatenz von elf Tagen war deutlich erkennbar und entspricht auch den von ROMMEL et al. (2000) angegebenen Werten. Die Patenz war mit acht Tagen relativ kurz, stimmt aber mit den Beobachtungen von MITCHELL et al. (2007) überein.

Oozysten des *I. ohioensis*-Komplex wurden ab Tag sieben nach der experimentellen Infektion mit *I. canis* ausgeschieden, was der von ROMMEL et al. (2000) publizierten Präpatenz entsprechen würde. Es könnte sein, dass sich nicht nur *I. canis* Oozysten in der Kultur befanden, sondern ebenso *I. ohioensis*-Komplex-Oozysten. Da beide Spezies bei natürlicher Infektion oft zusammen vorkommen, *I. ohioensis*-Komplex häufiger ist als *I. canis* und das Infektionsmaterial aus Feldisolaten stammt, ist dies nicht unwahrscheinlich (GOTHE und REICHLER, 1990a; MCKENNA und CHARLESTON, 1980; NEMESÉRI, 1960; SUPPERER, 1973). Möglicherweise wurden aber auch *I. ohioensis*-Komplex-Oozysten aus der Umgebung aufgenommen. Eine Kontaminierung der Zwingeranlagen ist bei der gro-

ßen Anzahl an Tieren in der Versuchseinrichtung zu erwarten (GOTHE und REICHLER, 1990a; GOTHE und REICHLER, 1990b).
Den erneuten Anstieg der *I. ohioensis*-Ausscheidung an ST 12, einen Tag nachdem die Patenz von *I. canis* begann konnte bisher noch nicht beobachtet werden. Bei einer Mischinfektion von BECKER (1980) konnte dieses Phänomen nicht beobachtet werden. Auch bei Rindereimerien tritt dieses Phänomen nicht auf (Franca Rödder, persönliche Mitteilung). Möglicherweise beeinflusst das Rupturieren der Zellen der Lamina propria ebenfalls die Zellen des Darmepithels, so dass dort die Entwicklung der *I. ohioensis*-Oozysten begünstigt wird. Es könnte sich bei den gefundenen Oozysten aber auch um *I. burrowsi* handeln. Dieser Parasit vermehrt sich ebenfalls in den Zellen der Lamina propria (ROMMEL und ZIELASKO, 1981; TRAYSER und TODD, JR., 1978) und könnte durch das von *I. canis* ausgelöste Rupturieren der Zellen ebenfalls ins Darmlumen gelangt sein und war somit im Kot wieder in vermehrter Anzahl zu finden.

6.3.6 Versuch 5

6.3.6.1 Material und Methoden

Zwei Wurfgeschwister wurden im Alter von drei Wochen mit ca. 40 000 *I. canis* Oozysten infiziert. Einen Tag vor der Infektion wurde der Kot der Mutter untersucht. Individualkot der Welpen wurde täglich von Tag 7 bis Tag 19 post infectionem gesammelt. Trotz der geringen Tierzahl wurde zur Vergleichbarkeit der Studien das geometrische Mittel der OpGs berechnet.

6.3.6.2 Ergebnisse

Kotveränderungen zeigte ein Tier an ST 7 (Durchfall) und ST 12 (weicher Kot). Der andere Welpe hatte an ST 12 und ST 18 jeweils weichen Kot.
An ST 10 wurden bei dem einen Welpen 267 OpG festgestellt, von dem anderen Welpen konnte kein Kot gesammelt werden. Ab Tag elf post infectionem waren beide Tiere deutlich patent (163 145 und 15 544 OpG), die Patenzzeit von *I. canis* endete an ST 17. Maximal wurden im geometrischen Mittel über 50 000 OpG ausgeschieden.
Bereits an Tag sieben nach der *I. canis* Infektion wurden Oozysten des *I. ohioensis*-Komplex im Kot gefunden (20 904 und 15 745 OpG). Die Infektion ebbte bis ST 10 ab, flammte aber erneut ab ST 11 auf. Der eine Hund schied bis ST 15, der andere bis ST 17 Oozysten des *I. ohioensis*-Komplexes aus. Insgesamt war die Ausscheidungsrate aber niedriger als die von *I. canis* (Gesamtzahl OpG über alle Tiere und Tage: 107 599 *I. ohioensis*-Komplex und 492 052 *I. canis*).

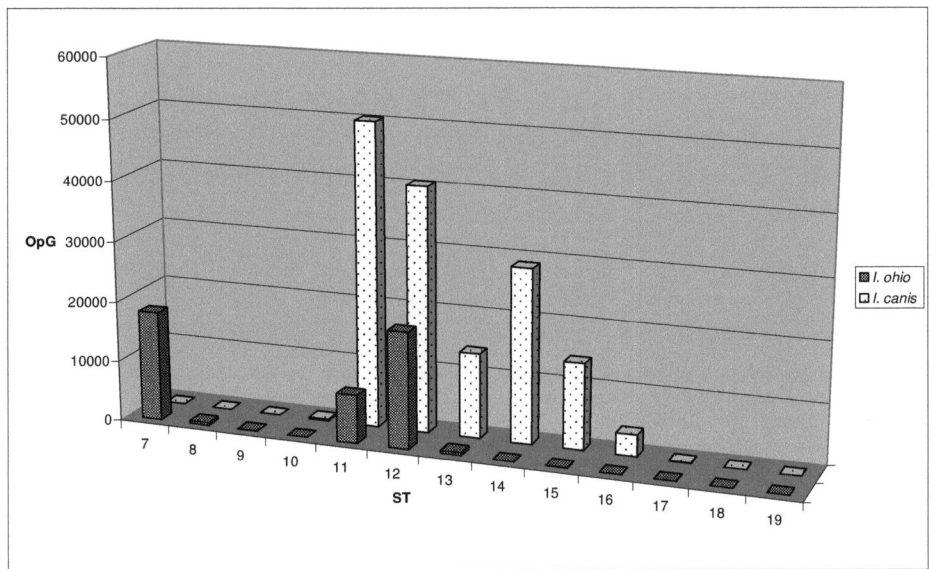

Abb. 7: Geometrische Mittelwerte OpG, Infektionsdosis: 40 000 *I. canis*-Oozysten in zwei nicht abgesetzten Welpen; (*I. ohio* = *I. ohioensis*-Komplex)

6.3.6.3 Diskussion

Auch bei dieser Dosis verlief die Infektion weitestgehend subklinisch. MITCHELL et al. (2007) und NEMESÉRI (1960) infizierten Welpen mit 50 000 Oozysten und konnten schwere Kokzidiose feststellen. Da bei dieser Studie nur zwei Tiere infiziert wurden kann nur schwer die Pathogenität des Stammes beurteilt werden, aber es ist zu vermuten, dass nicht alle Feldisolate gleich pathogen sind.

Die Präpatenz betrug elf Tage, was den Angaben von ROMMEL et al. (2000) entspricht, die Patenz war mit fünf Tagen sehr kurz, was auch für eine geringe Virulenz dieses Isolates spricht.

Auch bei diesem Versuch wurden Oozysten des *I. ohioensis*-Komplex ab ST 7 ausgeschieden. Möglicherweise war auch hier das Infektionsmaterial verunreinigt oder die Umgebung mit Oozysten kontaminiert.

6.3.7 Versuch 6

6.3.7.1 Material und Methoden

Hier wird die Infektion der Kontrollgruppe von Wirksamkeitsstudie 3 diskutiert. Neun Welpen aus verschiedenen Würfen wurden vor dem Absetzen im Alter von vier bis fünf Wochen mit ca. 60 000 *I. canis* Oozysten infiziert. Individuelle Kotproben wurden einen Tag vor, einen und drei Tage nach der Infektion gesammelt. Danach wurde täglich der Kot von ST 5 bis 18 untersucht. Bei der Beurteilung der Kotkonsistenz wurden normaler und weicher Kot zusammengefasst.

6.3.7.2 Ergebnisse

Die erste Änderung der Kotkonsistenz trat an ST 6 auf. Ein Tier hatte an diesem Tag Durchfall und an ST 7 wässrigen Durchfall. Bei einem anderen Welpen wurde an Tag neun post infectionem Blut in normal geformten Kot gefunden. Durchfall hatten sechs der acht infizierten Tiere an einem oder mehreren Tagen.

Insgesamt wichen 9,2 % der gesammelten Kotproben von normaler, unblutiger Konsistenz ab, davon wurde bei 69 % der veränderten Proben Durchfall, bei 23 % wässriger Durchfall und bei 8 % normaler Kot mit Blut festgestellt.

An ST 1 wurden 33 bis 133 OpG bei vier Tieren festgestellt, die alle vollständig sporuliert mit eingefallener Membran ausgeschieden wurden. Ab ST 8 wurden dann wieder geringe Mengen Oozysten ausgeschieden, ab Tag zehn waren sieben Tiere und ab Tag zwölf alle Tiere patent. Von ST 12 bis ST 14 wurden im geometrischen Mittel über 30 900 OpG ausgeschieden. Ab ST 16 ebbte die Infektion ab und an ST 18 schieden nur noch 3 Hunde *I. canis*-Oozysten aus. Ein Welpe schied an ST 12 die höchste Oozystenmenge mit über einer Million OpG aus, alle Hunde zeigten Oozystenausscheidungen im fünfstelligen Bereich.

Auch bei diesem Versuch wurden Oozysten des *I. ohioensis*-Komplexes im Kot der Welpen gefunden. An ST 5 schieden bereits fünf Tiere 367 bis 59 000 OpG aus. Sieben Hunde schieden bis ST 10 Oozysten aus, bei drei Tieren reichte die Patenzzeit bis ST 16. Einer dieser drei Hunde (A6601) begann erst an Tag 13 mit der Oozystenausscheidung, diese hielt bis Tag 18 an. Quantitativ waren, verglichen mit *I. canis*, wenige Oozysten des *I. ohioensis*-Komplexes gefunden worden (Gesamtzahl OpG über alle Tiere und Tage: 418 367 *I. ohioensis*-Komplex und 59 257 932 *I. canis*).

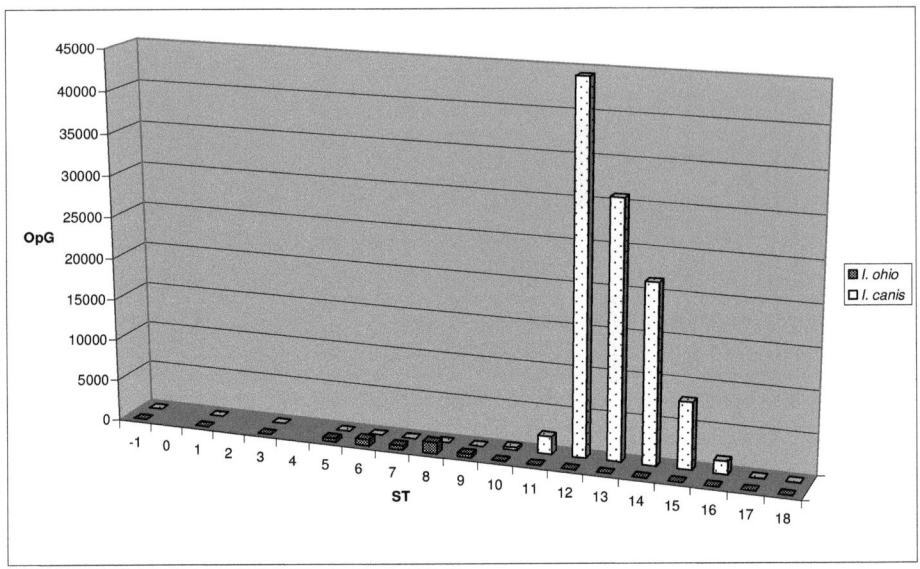

Abb. 8: Geometrische Mittelwerte OpG, Infektionsdosis: 40 000 *I. canis*-Oozysten in neun nicht abgesetzten Welpen; (*I. ohio* = *I. ohioensis*-Komplex)

6.3.7.3 Diskussion

Die an ST 1 gefundenen hoch sporulierten Oozysten hatten vermutlich nach der Infektion den Darm passiert, ohne Zellen zu befallen (DUBEY, 2009). Bei dieser Studie betrug die Präpatenz neun Tage und die Patenz war mit sechs Tagen wieder sehr kurz (MITCHELL et al., 2007; ROMMEL et al., 2000).

Bei sechs von acht Tieren konnte Durchfall beobachtet werden und die Infektion verlief somit nicht so mild und die Hunde zeigten typische klinische Symptome der Kokzidiose (CONBOY, 1998; JUNKER und HOUWERS, 2000).

Auch die Tiere in dieser Studie schieden ab ST 5 Oozysten des *I. ohioensis*-Komplexes aus. Ein Wiederaufflammen der Oozystenausscheidung am Anfang der Patenz der *I. canis* Infektion konnte bei dieser Studie nicht beobachtet werden, was auch BECKER (1980) nach einer Mischinfektion nicht feststellen konnte.

6.4 Infektionsversuche mit *I. ohioensis*-Komplex

6.4.1 Übersicht

Insgesamt wurden drei Infektionsversuche mit *I. ohioensis*-Komplex in Welpen vor dem Absetzen mit zwei verschiedenen Infektionsdosen durchgeführt.

Tab. 6: Übersicht über Infektionsversuche mit *I. ohioensis*-Komplex

Versuch	Anzahl der Hunde	Alter der Hunde [Wochen]	Infektionsdosis/Tier
1	3	2	40 000 Oozysten
2	6	4	80 000 Oozysten
3	8	4-5	80 000 Oozysten

Zunächst wurden zwei Wochen alte Welpen mit 40 000 Oozysten infiziert. Das Kotsammeln erwies sich, bedingt durch das junge Alter der Hunde, als sehr schwierig und die Infektion verlief nahezu subklinisch. Die folgenden Infektionsversuche wurden deshalb bei etwas älteren Hunden mit höherer Infektionsdosis durchgeführt. Die in Versuch 2 infizierten Welpen waren allesamt Wurfgeschwister, deshalb wurde die gleiche Infektionsdosis zusätzlich an Welpen aus verschiedenen Würfen verabreicht.

6.4.2 Versuch 1

6.4.2.1 Material und Methoden

Drei Welpen beider Geschlechter aus einem Wurf wurden im Alter von 15 Tagen mit ca. 40 000 sporulierten Oozysten des *I. ohioensis*-Komplexes infiziert. Sammelkotproben aller Welpen wurden am Tag der Infektion und an Tag drei bis sechs post infectionem genommen. An ST 7, 10 und 12 bis 16 wurden Individualkotproben genommen. Nach dem Absetzen an Tag 43 wurden wieder Sammelkotproben genommen. Trotz der geringen Tierzahl wurde zur Vergleichbarkeit der Studien das geometrische Mittel der OpGs berechnet.

6.4.2.2 Ergebnisse

Ein Welpe wies sieben Tage post infectionem Durchfall auf, die anderen beiden Tiere an ST 12. An den anderen Tagen war der Kot normal und klinische Kokzidiose konnte nicht festgestellt werden.

Die ersten Oozysten des *I. ohioensis*-Komplexes wurden nach einer Präpatenzzeit von sechs Tagen im Kot nachgewiesen, die Patenzzeit betrug zehn Tage. Die Oozystenausscheidung war an ST 10 am größten und war bei allen Tieren über mehrere Tage größer als 10 000 OpG. Nach dem Absetzen wurden alle Hunde noch einmal patent und schieden zwischen 4267 und 63 756 OpG aus.

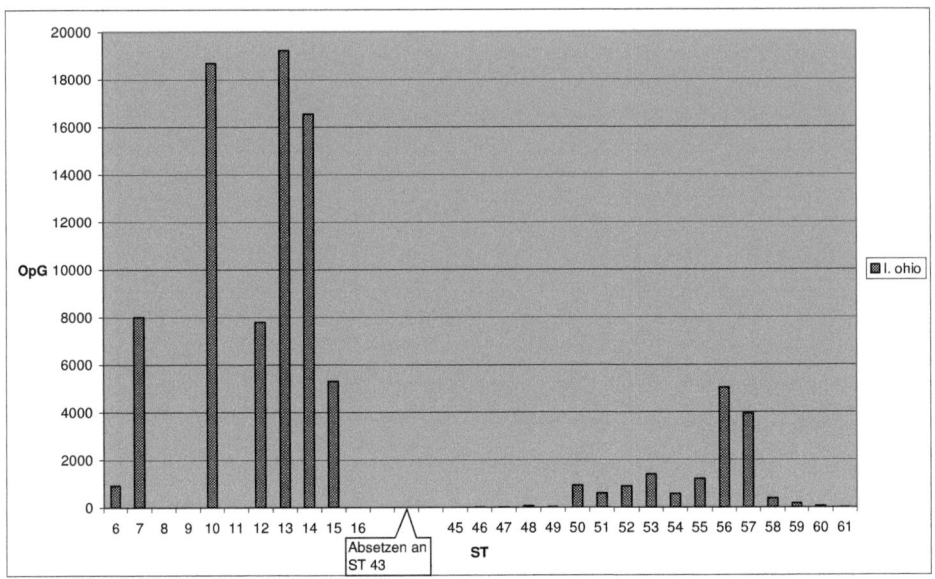

Abb. 9: Geometrische Mittelwerte OpG, Infektionsdosis: 40 000 *I. ohioensis*-Komplex-Oozysten in drei nicht abgesetzten Welpen; (*I. ohio* = *I. ohioensis*-Komplex)

6.4.2.3 Diskussion

Alle Tiere entwickelten eine patente Infektion und hatten an einem Tag Durchfall. Die Präpatenzzeit betrug sechs Tage und die Patenzzeit zehn Tage, was den Angaben von BECKER (1980), ROMMEL et al. (2000) und ROMMEL und ZIELASKO (1981) für *I. ohioensis* und *I. burrowsi* entspricht.

Die maximale Oozystenausscheidung lag bei 44 000 OpG. Bei vorherigen Infektionsversuchen von ROMMEL et al. (1986) schieden Hunde, die mit 100 000 Oozysten von *I. burrowsi* infiziert worden waren, wesentlich mehr Oozysten aus (bis zu 37 Millionen). DAUGSCHIES et al. (2000) infizierten Hunde mit 40 000 *I. ohioensis*-Oozysten und erreichten Ausscheidungsraten von bis zu 118 000 OpG. Verschiedene Isolate scheinen unterschiedlich hohe Oozystenausscheidungen zu verursachen.

In dieser Studie konnte erstmals ein Wiederaufflammen der Infektion nach dem Absetzen der Mutter nachgewiesen werden. Dies bestätigt die Aussagen von GASS (1971 und 1978), dass Stress und psychische Verfassung das Immunsystem supprimieren können und eine erneute Ausscheidung von Oozysten möglich ist.

Klinische Kokzidiose mit länger anhaltendem Durchfall wie von DUBEY (1978b) beschrieben, konnte bei diesem Versuch nicht beobachtet werden.

6.4.3 Versuch 2

6.4.3.1 Material und Methoden

Hier wird die Infektion der Kontrollgruppe von Wirksamkeitsstudie 1 dargestellt und diskutiert. Sieben Wurfgeschwister wurden vor dem Absetzen im Alter von drei Wochen mit ca. 80.000 Oozysten infiziert. Kotproben der Mutterhündin wurde drei Tage vor und am Tag der Infektion gesammelt. Kot der Welpen wurde erstmals an ST 2 gesammelt und danach täglich von ST 4 bis ST 11. An ST 14 und ab ST 16 wurde zweimal wöchentlich Kot gesammelt.
Nach dem Absetzen an ST 35 wurden wieder täglich Kotproben gesammelt.
Die Kotkonsistenz wurde für alle gesammelten Proben ab ST 7 beurteilt.

6.4.3.2 Ergebnis

Zwei Tiere hatten an jeweils einem Tag Durchfall (ST 8 und ST 13), ein Hund hatte an ST 7 blutigen Durchfall und an ST 15 unblutigen Durchfall. Weicher Kot wurde bei allen Hunden in diesem Zeitrahmen festgestellt, z. T. mit blutigen Beimengungen.
Insgesamt war zwischen ST 7 und ST 15 die Konsistenz bei 46.7 % aller gesammelten Proben verändert (54 % weicher Kot, 32 % weicher Kot mit Blut, 11 % Durchfall und 4 % blutiger Durchfall). Die Kotuntersuchungen der Mutterhündin vor Infektion der Welpen zeigten einen positiven Befund (1667 OpG an ST -3).
Bereits zwei Tage nach der experimentellen Infektion wurden Oozysten des *I. ohioensis*-Komplex im Kot gefunden, jedoch nur bei zwei Tieren (276 947 und 10 921 OpG). Ab ST 6 schieden alle Hunde Oozysten des *I. ohioensis*-Komplexes aus, die Patenzzeit betrug 12 bis 22 Tage. Alle Tiere erreichten Oozystenausscheidungen von über 120 000 OpG und an ST 7, 8 und 9 lag die Oozystenausscheidung im geometrischen Mittel bei über 100 000 OpG. Die höchste Oozystenausscheidung wurde von Tier Nr. A1622 an ST 9 mit über 1,6 Millionen OpG erreicht.

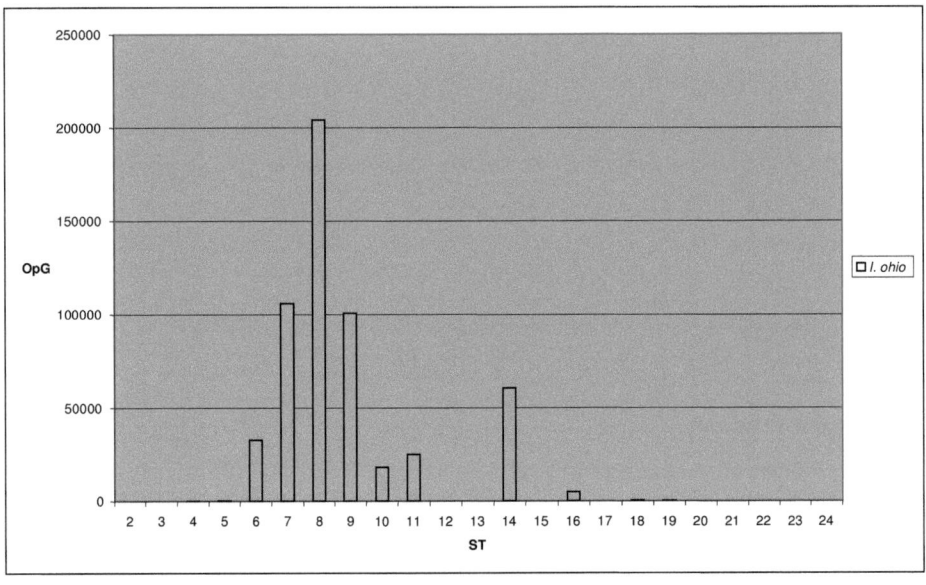

Abb. 10: Geometrische Mittelwerte OpG, Infektionsdosis: 80 000 *I. ohioensis*-Komplex-Oozysten in sieben nicht abgesetzten Welpen; (*I. ohio* = *I. ohioensis*-Komplex)

6.4.3.3 Diskussion

Vor der experimentellen Infektion der Welpen schied die Mutterhündin Oozysten des *I. ohioensis*-Komplexes aus. Das ist nicht ungewöhnlich, da in der Versuchseinrichtung sehr viele Hunde leben und in solchen Einrichtungen Kokzidien kaum einzudämmen sind (GASS, 1971; GASS, 1978). Möglicherweise waren zwei Welpen, die an ST 2 bereits große Mengen Oozysten ausschieden natürlich infiziert. Ab ST 6 stieg die Infektion bei allen Tieren deutlich an, was mit dem Ablauf der Präpatenz (sechs Tage) der experimentellen Infektion zusammenfiel (ROMMEL et al., 2000). Die Patenz betrug 12 bis 22 Tage, was den Angaben von für *I. ohioensis* aber auch für *I. burrowsi* entspricht (ROMMEL et al., 2000; ROMMEL und ZIELASKO, 1981). Trotz relativ geringer Infektionsrate wurden große Mengen Oozysten ausgeschieden. DUBEY (1978b) infizierte sieben Tage alte Welpen mit einer Million Oozysten, es wurden aber nur bis zu 14 000 OpG ausgeschieden. Infektionsversuche mit verschiedenen Infektionsdosen haben gezeigt, dass die Oozystenausscheidung nicht mit der Infektionsdosis zusammenhängt (BUEHL et al., 2006).

Auch typische klinische Symptome einer Kokzidiose, wie Kot mit Blutbeimengungen, Durchfall und blutiger Durchfall konnten festgestellt werden (KIRKPATRICK und DUBEY, 1987; PENZHORN et al., 1992).

6.4.4 Versuch 3

6.4.4.1 Material und Methoden

Hier wird die Infektion der Kontrollgruppe von Wirksamkeitsstudie 2 diskutiert. Acht Welpen aus fünf Würfen wurden vor dem Absetzen im Alter von vier bis fünf Wochen mit ca. 80 000 Oozysten des *I. ohioensis*-Komplexes infiziert. Individualkotproben wurden einen Tag vor und einen Tag nach der Infektion gesammelt. Danach wurde täglich der Kot von ST 3 bis 13 untersucht. Kotkonsistenz weich und normal wurden nicht unterschieden.

6.4.4.2 Ergebnisse

Abweichungen in der Kotkonsistenz waren ab ST 4 zu beobachten. Ein Hund zeigte keine Veränderungen in der Kotkonsistenz, alle anderen Hunde hatten an wenigstens einem Tag Durchfall. Wässriger Durchfall kam insgesamt bei drei Tieren vor, einmal blutig-wässriger Durchfall. Ein Hund hatte zwischen ST 5 und ST 13 an sieben Tagen Durchfall. Insgesamt waren bei 23,7 % aller gesammelten Kotproben Veränderungen festgestellt worden. Davon wiesen 83 % der Kotproben Durchfall, 13 % wässrigen und 4 % blutig-wässrigen Durchfall auf.

Erste geringe Mengen Oozysten des *I. ohioensis*-Komplexes wurden drei Tage post infectionem im Kot von zwei Hunden gefunden (167 und 267 OpG). An ST 4 wurde keine Oozyste im Kot gefunden. Ab ST 5 waren sieben der acht Hunde patent und schieden über 1000 OpG aus. Ein Tier begann an ST 6 mit der Oozystenausscheidung mit 600 OpG. Die Patenzzeit betrug fünf bis acht Tage, die höchste Oozystenausscheidung wurde an Tag sechs mit 6534 OpG im geometrischen Mittel erreicht.

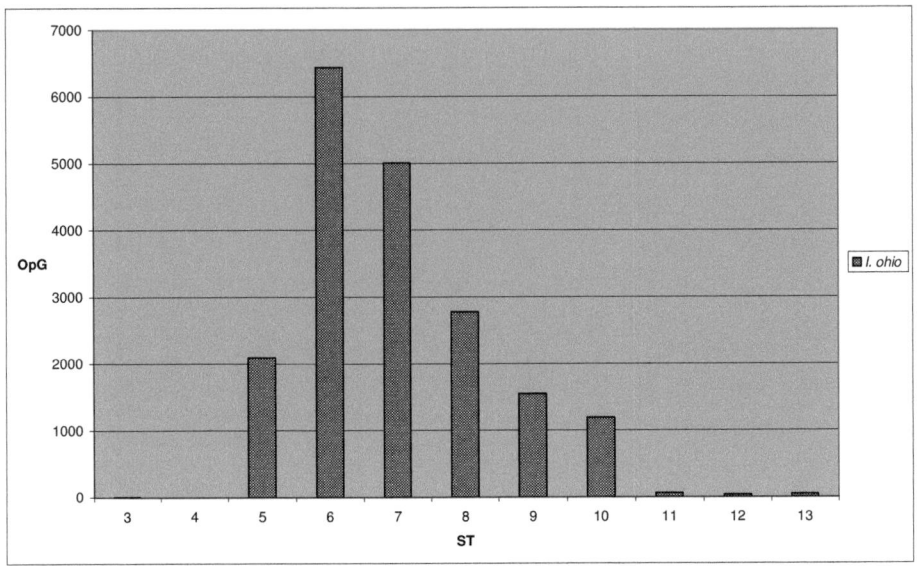

Abb. 11: Geometrische Mittelwerte OpG, Infektionsdosis: 80 000 *I. ohioensis*-Komplex-Oozysten in nicht acht abgesetzten Welpen; (*I. ohio* = *I. ohioensis*-Komplex)

6.4.4.3 Diskussion

Die ersten Oozysten konnten an ST 3 im Kot gefunden werden. Da die gefundene Oozystenmenge sehr gering war, könnte es sich um Darmpassagen handeln. Die Präpatenz dauerte fünf bis sechs Tage, die Patenz nur fünf bis acht Tage. Die kurze Patenz deutet darauf hin, dass es sich bei der Oozystenkultur um *I. burrowsi* handeln könnte (ROMMEL et al., 2000). Die Präpatenz wird für alle Arten des *I. ohioensis*-Komplexes mit 6 oder mehr Tagen angegeben (ROMMEL et al., 2000).

6.5 Infektionsversuch mit Mischinfektion

6.5.1 Material und Methoden

Hier wird die Infektion der Kontrollgruppe von Wirksamkeitsstudie 4 diskutiert. Nach den Erfahrungen aus den oben beschriebenen Infektionsversuchen wurden acht Hunde im Alter von drei bis vier Wochen aus verschiedenen Würfen mit einer Mischinfektion aus ca. 20 000 *I. canis* Oozysten und 11 000 Oozysten des *I. ohioensis*-Komplexes infiziert. Kot wurde einen Tag vor der Infektion und 4 bis 20 Tage nach der Infektion gesammelt. Bei der Beurteilung der Kotkonsistenz wurden normaler und weicher Kot zusammengefasst.

6.5.2 Ergebnisse

Kotveränderungen der acht Welpen wurden zwischen ST 7 und ST 16 beobachtet. An ST 7 hatten zwei Tiere Durchfall, an ST 11 hatten nur noch zwei der sechs Hunde normal geformten Kot. Zwischen ST 7 und ST 16 wurde bei insgesamt 42,5 % der gesammelten Kotproben eine Abweichung der Kotkonsistenz beobachtet, davon 9 % normaler Kot mit Blutbeimengungen, 79 % Durchfall und 12 % blutiger Durchfall.

I. ohioensis-Komplex

Zwei Tiere schieden einen Tag vor der Infektion 50 bis 400 OpG des *I. ohioensis*-Komplexes aus. An ST 5 waren sieben und an ST 6 und ST 7 alle Hunde patent, fünf Tiere hatten OpGs im fünfstelligen Bereich. Zu ST 13 hin stieg die Infektion noch mal an und vier Tiere schieden über 10 000 OpG aus. An ST 14 waren nur noch fünf Tiere patent, zu ST 19 hin stieg die Infektion wieder leicht an.

I. canis

Die ersten *I. canis* Oozysten wurden an ST 9 bei einem Welpen gefunden (50 OpG). Bis ST 11 waren alle Tiere patent und schieden 100 bis 150 500 OpG aus. Bis zum Ende der Studie konnten im Kot aller Hunde bis auf einzelne Tage durchgängig Oozysten gefunden werden. An ST 13 war die Oozystenausscheidung am höchsten. Insgesamt wurden über alle Tage und von allen Tieren 1 604 350 Oozysten von *I. canis* und 608 750 Oozysten des *I. ohioensis*-Komplexes ausgeschieden.

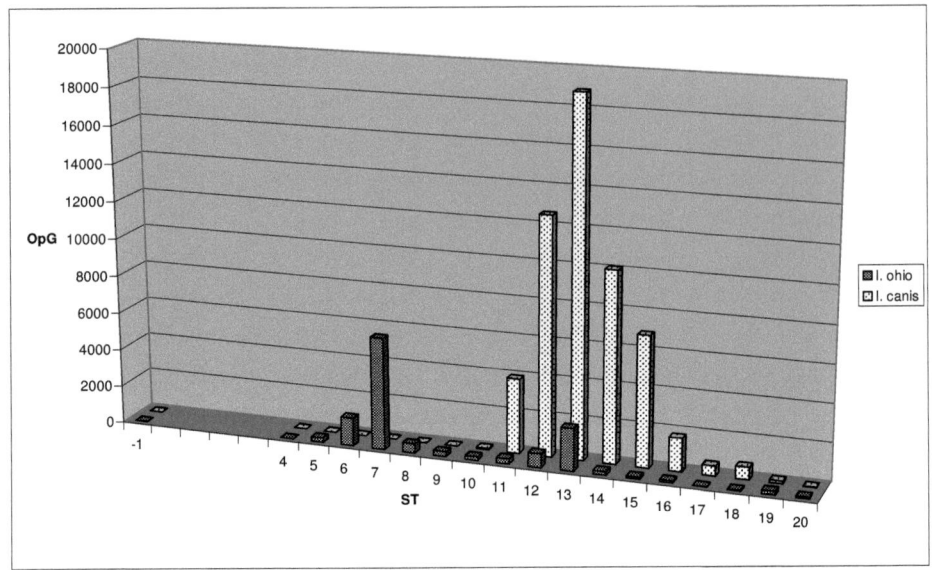

Abb. 12: Geometrische Mittelwerte OpG, Infektionsdosis: 20 000 *I. canis* und 11 000 *I. ohioensis*-Komplex-Oozysten in acht nicht abgesetzten Welpen: (*I. ohio* = *I. ohioensis*-Komplex)

6.5.3 Diskussion

Bereits vor Infektion schieden zwei Tiere eine geringe Anzahl Oozysten des *I. ohioensis*-Komplexes aus. Entweder hatten die Tiere bereits eine geringgradige Infektion oder es handelt sich um die Passage von Oozysten, die aus der Umgebung aufgenommen wurden. Trotz Desinfektion kommt es immer wieder zu Kokzidieninfektionen in Zuchtanlagen mit großer Anzahl an Hunden (GASS, 1971; GASS, 1978).

Die Oozystenausscheidung von *I. ohioensis*-Komplex begann aber mit hohen Werten am fünften oder sechsten Tag post infectionem mit über 1000 OpG, was auch der von ROMMEL et al. (2000) publizierten Präpatenz entspricht. Die Patenz reichte von 7 bis über 20 Tage. Für *I. canis* betrug die Präpatenz zehn bis elf Tage und die Patenz sieben bis elf Tage (MITCHELL et al., 2007; ROMMEL et al., 2000a). BECKER (1980) infizierte Welpen ebenfalls mit einer Mischinfektion und berichtet von einem ähnlichen Infektionsverlauf.

6.6 Zusammenfassung

Insgesamt wurde bei einer Infektionsdosis von 60 000 *I. canis*-Oozysten bzw. 80 000 *I. ohioensis*-Komplex-Oozysten oder bei einer Mischinfektion von 20 000 *I. canis*-Oozysten und 11 000 *I. ohioensis*-Komplex-Oozysten der gewünschten leicht klinischen Verlauf und eine hohe Oozystenausscheidung erreicht bei nicht abgesetzten Welpen erreicht.

Die Infektionen bei Hunden nach dem Absetzen zeigten keinen typischen Infektionsverlauf mit der in der Literatur angegebenen Präpatenz und Patenz (ROMMEL 2000). Dies liegt vermutlich nicht am Alter der Hunde, da schon viele experimentelle *Isospora*-Infektionen an Hunden gelangen, die älter als sechs Wochen waren (BECKER, 1980; CHARLES et al., 2007; LEPP und TODD, JR., 1974; MITCHELL et al., 2007; REINEMEYER et al., 2007). In diesen Veröffentlichungen wurde immer die Kokzidienfreiheit der Tiere vor der experimentellen Infektion sichergestellt.

Somit scheint das Vorhandensein einer natürlichen Infektion der Grund für den untypischen Infektionsverlauf zu sein. Wahrscheinlich infizierten sich die Tiere bereits in den ersten Lebenswochen beim Züchter (BLAGBURN et al., 1996; CORREA et al., 1983; GOTHE und REICHLER, 1990b; VISCO et al., 1977) und schieden nach dem Absetzen stressbedingt wieder Kokzidien aus (FAYER, 1978; NEMESÉRI, 1960).

Möglicherweise hatten die Tiere bereits einen gewisse Immunkompetenz gegen *Isospora* spp. erlangt, was den Ausbruch einer experimentellen Infektion verhinderte (BECKER, 1980; TSANG und LEE, 1975).

Ebenfalls erfolglos verliefen Reinfektionsversuche mit *I. canis* einige Monate nach Erstinfektion von LEPP und TODD, JR. (1974) und LEE (1934). BECKER (1980) stellte fest, dass bei der Zweit- und Drittinfektion mit *I. canis* die Oozystenausscheidung nur geringgradig und die Patenz sehr kurz ist (null bis sechs Tage). Dies konnte auch bei wenigen Tieren der hier vorgelegten Studien beobachtet werden.

Die drei bis sechs Wochen alten Welpen, die vor dem Absetzen infiziert wurden und bereits Oozysten ausschieden, machten vermutlich gerade ihre Erstinfektion durch. Sie infizierten sich möglicherweise am Kot der Mutter oder in der Umgebung. Das Immunsystem der Hunde hatte noch keinen ausreichenden Schutz aufgebaut, um die experimentelle Infektion zu verhindern. Nach DAY (2007) erfolgt während der sechsten bis zwölften Lebenswoche die Umstellung vom maternalen zum eigenen Immunsystem. Durch die hauptsächlich zelluläre Immunantwort gegen Kokzidien werden keine maternalen Antikörper gegen diesen Parasiten bereitgestellt (JAKOBI, 2006).

Die Aussage von MITCHELL et al. (2007) und BUEHL et al. (2006), dass der klinische Verlauf und die ausgeschiedene Oozystenmenge nicht von der Infektionsdosis abhängt, konnte in diesen Studien nur teilweise bestätigt werden.

Die mit 20 000 *I. canis*-Oozysten infizierten Welpen vor dem Absetzen zeigten einen milder Infektionsverlauf (Median zwischen 50 und 2617 OpG) und nur an einem Tag trat

Durchfall auf. Die mit 40 000 Oozysten infizierten Welpen schieden im Median zwischen 32 und 89 345 OpG aus, Durchfall trat aber ebenfalls nur an einem Tag auf. Bei beiden Studien wurde das gleiche Isolat verwendet und es zeigt sich ein deutlicher Anstieg der Oozystenausscheidung durch die höhere Infektionsdosis. Gleiches gilt auch für die mit 40 000 (Versuch 1) und die mit 80 000 *I. ohioensis*-Komplex-Oozysten (Versuch 2) infizierten Welpen. Auch hier wurde das gleiche Isolat verwendet und die Oozystenausscheidung war an ST 6 und ST 7 deutlich erhöht und auch Durchfall trat häufiger bei Versuch 2 auf. Jedoch lassen die geringen Tierzahlen eine statistische Auswertung nicht zu.

Bei allen anderen Infektionsversuchen wurden unterschiedliche Isolate verwendet. In der Literatur zeigen sich ebenfalls verschiedene Isolate unterschiedlich pathogen und induzieren verschieden hohe Ausscheidungsraten. So infizierten MITCHELL et al. (2007) Welpen mit 100 000 *I. canis*-Oozysten und erreichten Oozystenausscheidungen von bis zu einer Million OpG. Bei den von mir mit 40 000 bzw. 60 000 Oozysten infizierten Tieren, war die Ausscheidungsrate größer. Dies zeigt sich noch deutlicher bei *I. ohioensis*-Komplex. DAUGSCHIES et al. (2000) infizierten Hunde mit 40 000 Oozysten und es wurden bis zu 118 000 OpG ausgeschieden. DUNBAR und FOREYT (1985) infizierten Hunde mit mehr als doppelt so vielen und DUBEY (1978b) sogar mit einer Millionen Oozysten, es wurden aber nur bis zu 14 000 OpG ausgeschieden. Außerdem hängt der klinische Verlauf und die Pathogenität der Infektion sehr stark von der Gesundheit und dem Immunsystem der einzelnen Hunde ab (FAYER, 1978; NEMESÉRI, 1960).

Ein Zusammenhang zwischen Oozystenausscheidung und Durchfallhäufigkeit konnte nicht festgestellt werden. Vielmehr schien extremer Durchfall die Anzahl der ausgeschiedenen Oozysten zu begrenzen. Dies könnte am Crowding-Effekt liegen, wonach bei massiver Schädigung des Darmepithels während der Schizogoniezyklen die Parasiten sich nicht mehr optimal entwickeln können und die Gamogonie dadurch beeinträchtigt ist. Möglicherweise wird durch sehr dünnen Kot auch das Ergebnis der Auszählung der Oozysten nach der McMaster Methode verfälscht, weil der hohe Flüssigkeitsanteil bei Durchfallkotproben ein höheres Gewicht mit sich bringt als bei Kotproben mit normaler Konsistenz. Dass Durchfall nicht mit der Oozystenausscheidung korreliert, konnte bei einer Schweinestudie von (MUNDT et al., 2007) für *I. suis* bereits festgestellt werden.

Bei allen Infektionsversuchen mit *I. canis* bei Welpen vor dem Absetzen wurden außerdem *I. ohioensis*-Komplex-Oozysten im Kot gefunden. Diese wurden ab Tag fünf bis sieben nach der experimentellen Infektion ausgeschieden, was der von ROMMEL et al. (2000)

publizierten Präpatenz entsprechen würde. Es könnte sein, dass sich nicht nur *I. canis*-Oozysten in der Kultur befanden, sondern genauso *I. ohioensis*-Komplex-Oozysten. Da beide Spezies bei natürlicher Infektion oft zusammen vorkommen, *I. ohioensis*-Komplex auch häufiger ist als *I. canis* und das Infektionsmaterial aus Feldisolaten stammt, ist dies nicht unwahrscheinlich (GOTHE und REICHLER, 1990a; MCKENNA und CHARLESTON, 1980; NEMESÉRI, 1960; SUPPERER, 1973).

Die *I. ohioensis*-Komplex-Kulturen waren aber offensichtlich nicht mit *I. canis*-Oozysten kontaminiert, oder falls doch, waren diese möglicherweise erst teilweise sporuliert. Nach dem Sporulieren wurden die *I. ohioensis*-Komplex-Kulturen direkt in den Kühlschrank gestellt. Da ihre Sporulationszeit mit zwölf Stunden (DUBEY und FAYER, 1976) deutlich kürzer ist als die von *I. canis* (48 Stunden bei 20 °C) (LEPP und TODD, JR., 1976) wurden die *I. canis*-Oozysten im Kühlschrank an der weiteren Sporulation gehindert (LINDSAY et al., 1982) und waren somit nur zum Teil infektiös.

Eventuell sind *I. ohioensis*-Komplex-Oozysten durchsetzungsfähiger und fallen selbst bei geringen Infektionsdosen, wie bei Kontaminierung einer *I. canis*-Kultur stark ins Gewicht bis hin zur zahlenmäßigen Überlegenheit. Bei einer Infektion mit einer mit *I. canis*-Oozysten verunreinigte Kultur kann sich diese Spezies anscheinend nicht durchsetzen. DUBEY (1975b) gelang sogar die Infektion eines Hundes, dem nur eine einzige Oozyste von *I. ohioensis* gefüttert wurde. Möglicherweise nahmen die Welpen auch *I. ohioensis*-Komplex-Oozysten aus der Umgebung oder vom Kot der Mutter auf. Jedoch widerspricht dieser Theorie, dass alle Tiere genau nach der zu erwartenden Präpatenz anfingen Oozysten auszuscheiden.

Dass *I. canis* die pathogenere Spezies ist, konnte nicht festgestellt werden, jedoch wurde auch mit weniger Oozysten infiziert. Aber die Mischinfektion zeigte trotz der geringen Infektionsdosis die größte Schadwirkung mit durchschnittlich 4,3 Tagen Durchfall oder blutigem Kot pro Tier (1,5 mal so häufig wie bei *I. ohioensis*-Komplex Infektionen und 3,1 mal so häufig wie bei *I. canis* -Infektionen). Dies entspricht der Aussage von BECKER (1980), die auch Mischinfektionen als am pathogensten beschrieb.

7 Verträglichkeitsstudien

7.1 Ziel der Studie

Nachdem bei einem ursprünglich als Wirksamkeitsstudie geplanten Versuch Verträglichkeitsprobleme auftraten, wurde überprüft welcher Bestandteil der Suspension die Nebenwirkungen verursacht.

7.2 Material und Methoden

7.2.1 Allgemeines Studiendesign

Alle Hunde waren bei Studieneinschluss 8 bis 14 Wochen alt.
Alle eingeschlossenen Tiere wurden behandelt und dienten vor Behandlung und an nicht-Behandlungstagen als ihre eigene Kontrolle.
Direkt nach Behandlung wurden die Tiere wie in Punkt 5.1 beschrieben gefüttert und Verträglichkeitsuntersuchungen nach Behandlung wie in Punkt 5.2.3 beschrieben durchgeführt.
Die Suspension wurde oral in einer therapeutischen Dosierung von 0,5 ml/kg KG sowie in drei- und fünffacher Überdosierung verabreicht. Dies entspricht 10, 30 und 50 mg/kg KG Toltrazuril.

7.2.2 Zusammensetzung der Suspensionen

Die ursprüngliche Suspension enthält 2 % Toltrazuril und Miglyol als Lösungsmittel, sowie Compritol 888 zur Erhöhung der Emulgierfähigkeit und Sorbinsäure als Konservierungsmittel.
Außerdem wurde mit einer Placebosuspension behandelt, bei der der Wirkstoff Toltrazuril als Inhaltsstoff fehlte.
In einer weiteren Suspension wurde das Lösungsmittel Miglyol durch Sonnenblumenöl ersetzt und diese Suspension sowohl als Placebo, als auch mit Wirkstoff verabreicht.
Dann wurde Hunden oral reines Miglyol in verschiedenen Dosierungen appliziert.

7.3 Verträglichkeitsstudie 1

7.3.1 Material und Methoden

Bei einem ursprünglich als Wirksamkeitsstudie geplanten Versuch wurden 16 Hunde im Alter von 16 Wochen mit der ursprünglichen Suspension (Toltrazuril als Wirkstoff und

Miglyol als Lösungsmittel) behandelt. Die Tiere waren drei Wochen zuvor mit einem Darmparasiten infiziert worden (dieser darf aus Datenschutzgründen nicht genannt werden).
Da bei dieser Studie der Focus ursprünglich auf Wirksamkeit lag, wurden Verträglichkeitsuntersuchungen ein, drei und fünf Stunden nach Behandlung durchgeführt.

7.3.2 Ergebnisse

Eine Stunde nach Behandlung zeigte kein Hund auffällige Befunde.
Drei Stunden nach Behandlung fielen bei zwei Tieren Vomitus auf, zwei dieser drei Hunde hatten auch gleichzeitig blutigen Durchfall. Fünf Stunden nach Behandlung hatte ein anderer Hund weichen Kot. Ein Tag nach der Behandlung wurde bei zwei Tieren Durchfall und bei einem Tier weicher Kot festgestellt. Zwei Tage nach Behandlung hatten zwei Hunde weichen Fäzes.

7.3.3 Diskussion

Ein direkter Zusammenhang zwischen Behandlung und Erbrechen bzw. Durchfall konnte nicht bewiesen werden, da eine Stunde nach Behandlung keine auffälligen Befunde beobachtet werden konnten. Dass ein Zusammenhang besteht, wurde aber vermutet, da keiner der Hunde vor oder an einem nicht-Behandlungstag Vomitus zeigte.
Ob der blutige Durchfall mit der Behandlung oder eher mit der dem Darmparasiten (LOPEZ et al., 2006) zusammenhängt, lässt sich nicht eindeutig feststellen. Die Tiere zeigten auch ein bzw. zwei Tage nach der Behandlung Veränderungen in der Kotkonsistenz (weicher Kot), was nach Behandlung mit öligen Substanzen nicht ungewöhnlich ist (DUCROTTE et al., 1989; BADDAKY-TAUGBØL et al., 2004).

7.4 Verträglichkeitsstudie 2

7.4.1 Material und Methoden

Bei dieser reinen Verträglichkeitsstudie wurden 16 Hunde im Alter von 14 Wochen mit der gleichen Suspension (Toltrazuril als Wirkstoff und Miglyol als Lösungsmittel) mit der dreifach therapeutischen Dosierung (1,5 ml/kg KG) behandelt. Verträglichkeitsuntersuchungen wurden vor Behandlung und stündlich bis fünf Stunden und sieben Stunden nach Behandlung durchgeführt.

7.4.2 Ergebnisse

Bei drei Tieren wurde Vomitus eine Stunde nach Behandlung festgestellt. Bei einem weiteren Hund wurde Emesis zwei Stunden nach Behandlung dokumentiert. Ein Welpe erbrach insgesamt drei Mal, ein, zwei und vier Stunden nach Behandlung. Eine Stunde nach Behandlung wurde Durchfall bei einem Tier beobachtet, bei einem Anderen weicher Kot ein und drei Stunden nach Behandlung.

7.4.3 Diskussion

Da insgesamt 4 der 16 Hunde Vomitus zeigten, drei sogar direkt innerhalb der ersten Stunde nach Behandlung, ist ein Zusammenhang mit der Medikation sehr wahrscheinlich. Zwar beschreiben HUBBARD et al. (2007), dass es auch bei gesunden Hunden zu Vomitus kommen kann, jedoch konnte an keinem anderen Tag Erbrechen bei den Hunden festgestellt werden. Außerdem erbrachen die Hunde zum Teil große Mengen Futter oder Flüssigkeit, ein Hund erbrach sich auch mehrmals. Die von HUBBARD et al. (2007) beschriebenen Fälle von Emesis bei gesunden und unbehandelten Hunden wurden als mild bezeichnet.

Entgegen den Beobachtungen von PORTER et al. (1996 und 2004) und PERLMAN et al. (2008) führt die Verabreichung von Miglyol zu Erbrechen.

Ob der Durchfall bei einem und der weiche Kot bei einem anderen Hund auf die Behandlung zurückzuführen sind, kann nicht beurteilt werden. HUBBARD et al. (2007) beschreiben Veränderungen in der Kotkonsistenz bei jungen Hunden als normal und häufiges Phänomen. Jedoch publizierten BADDAKY-TAUGBØL et al. (2004), dass die orale Gabe großer Mengen Öl zu Durchfall führen kann.

7.5 Verträglichkeitsstudie 3

7.5.1 Material und Methoden

15 Welpen wurden insgesamt fünf Mal mit vier verschiedenen Suspensionen im Abstand von je einer Woche behandelt. Die Tiere waren bei der ersten Behandlung ungefähr elf Wochen alt und erhielten die vier verschiedenen Suspensionen in einer Dosierung von 2,5 ml/kg KG. Zunächst wurde ihnen die Suspension auf Miglyolbasis mit Wirkstoff, eine Woche später als Placebo verabreicht. In der dritten und vierten Woche wurden die Hunde mit der Suspension auf Sonnenblumenölbasis behandelt, zunächst als Placebo, dann mit Wirkstoff Toltrazuril. In der letzten Woche bekamen die Welpen noch einmal das Miglyol-Placebopräparat.

Verträglichkeitsstudien

Tab. 7: Behandlungsschema, fünffach therapeutische Dosierung mit Suspensionen verschiedener Lösungsmittel mit Wirkstoff oder als Placebo

Woche	Dosierung	Toltrazuril enthalten ja/nein	Lösungsmittel
1	2,5 ml/kg KG	ja	Miglyol
2		nein	Miglyol
3		nein	Sonnenblumenöl
4		ja	Sonnenblumenöl
5		nein	Miglyol

Die Verträglichkeitsuntersuchungen wurden vor und stündlich bis acht Stunden nach Behandlung durchgeführt.

7.5.2 Ergebnisse

Bei jeder miglyolhaltigen Formulierung erbrachen jeweils 9 der 15 behandelten Hunde. Alle bis auf ein Hund zeigten nach wenigstens einer Behandlung mit Miglyol Vomitus. Ein Hund blieb während der ganzen Studie klinisch unauffällig. Insgesamt erbrachen vier Hunde mehrmals. Bei den Verträglichkeitsuntersuchungen nach sechs, sieben und acht Stunden konnte kein Vomitus mehr festgestellt werden. Kein Hund erbrach nach der Behandlung mit sonnenblumenölhaltigen Suspensionen.

Tab. 8: Erbrechen nach Behandlung

Woche	Lösungs-mittel	Toltrazuril [mg/kg KG]	Stunden nach Behandlung	Anzahl Hunde, die erbrachen pro Verträglichkeits-untersuchung	Gesamtzahl der Hunde, die erbrachen
1	Miglyol	50	1	7	9
			2	2	
			4	1	
2	Miglyol	0	1	6	9
			2	4	
			3	2	
			4	1	
3	Sonnen-blumenöl	0	1-8	0	0
4	Sonnen-blumenöl	50	1-8	0	0
5	Miglyol	0	1	7	9
			2	4	
			3	2	
			5	2	

Weicher Kot kam vor der ersten und zweiten und nach jeder Behandlung vor. Bis zu zehn Tiere hatten an einem Behandlungstag weichen Kot. Ein Hund hatte Durchfall eine Stunde nach der Behandlung in der vierten Woche mit der sonnenblumenölhaltigen Formulierung plus Toltrazuril.

7.5.3 Diskussion

Nach allen Behandlungen mit miglyolhaltigen Substanzen zeigten gesunde Hunde nach ihrer Verabreichung Vomitus. Um einen Einfluss des Wirkstoffes Toltrazuril auszuschlie-ßen, wurde ein Placebo getestet, was trotzdem Vomitus verursachte. Somit steht fest, dass Miglyol in jungen Hunden Erbrechen verursacht, während nach der Verabreichung der Suspensionen mit Sonnenblumenöl als Lösungsmittel kein Hund erbrach. Dieses Ergebnis widerspricht den Angaben von SELLERS et al. (2005) und TRAUL et al. (2000), die Miglyol als verträglich beschreiben.

Bei einem Hund wurde nach der Behandlung mit der sonnenblumenölhaltigen Suspension Durchfall festgestellt.

Ein Zusammenhang mit der Behandlung ist unwahrscheinlich, da dieses Phänomen nur einmal bei insgesamt 80 Behandlungen auftrat. Außerdem konnte mehrfach weicher Kot sowohl vor als auch nach den einzelnen Behandlungen beobachtet werden.

7.6 Verträglichkeitsstudie 4

7.6.1 Material und Methoden

24 Hunde wurden in drei Gruppen mit je acht Tieren eingeteilt. Die Tiere wurden im Alter von 14 Wochen mit reinem Miglyol in drei verschiedenen Dosierungen behandelt.

Tab. 9: Behandlungsschema, reines Miglyol

Gruppe	Dosierung	Anzahl der Tiere
1	0,5 ml/kg KG	8
2	1,5 ml/kg KG	8
3	2,5 ml/kg KG	8

Die Hunde wurden vor Behandlung und stündlich bis sechs Stunden nach Behandlung auf Nebenwirkungen untersucht. Am Folgetag wurden die Hunde in den gleichen Dosierungen mit Wasser behandelt und ebenfalls auf Nebenwirkungen untersucht.

7.6.2 Ergebnisse

Vomitus wurde bei fünf Hunden nach der Gabe von 1,5 ml/kg KG und bei vier Hunden nach der Gabe von 2,5 ml/kg KG reinem Miglyol festgestellt. Einige Hunde erbrachen mehrmals. Keiner der Hunde, die mit 0,5 ml/kg KG reinem Miglyol behandelt wurden, erbrach.

Tab. 10: Erbrechen nach Behandlung

Dosierung Miglyol [ml/kg KG]	Stunden nach Behandlung	Anzahl Hunde, die erbrachen pro Verträglichkeitsuntersuchung	Gesamtzahl der Hunde, die erbrachen
0,5	1-6	-	-
1,5	2	2	5
1,5	3	1	5
1,5	4	2	5
2,5	1	1	4
2,5	2	1	4
2,5	3	4	4
2,5	4	1	4

Durchfall wurde in allen Gruppen bis zwei Stunden nach Behandlung festgestellt. Vor Behandlung hatte keiner der Hunde Durchfall.

Tab. 11: Durchfall nach Behandlung

Dosierung Miglyol [ml/kg KG]	Stunden nach Behandlung	Anzahl Hunde mit Durchfall pro Verträglichkeitsuntersuchung	Gesamtzahl der Hunde mit Durchfall
0,5	1	2	3
0,5	2	3	3
1,5	1	5	5
1,5	2	4	5
2,5	1	3	3
2,5	2	1	3

Weicher Kot kam zusätzlich zwei Stunden nach Behandlung bei einem mit 1,5 ml/kg KG behandeltem Tier und bei zwei mit 2,5 ml/kg KG behandelten Tieren vor. Vier Stunden nach Behandlung wurde bei einem Tier (2,5 ml/kg KG) weicher Kot festgestellt.

Am Folgetag wurden die Hunde mit der gleichen Menge Wasser behandelt und kein auffälliger Befund wurde beobachtet. Weder Vomitus noch veränderte Kotkonsistenz konnten festgestellt werden.

7.6.3 Diskussion

Auch zeigte sich bei dieser Studie wieder eindeutig ein Zusammenhang zwischen der Verabreichung von Miglyol und Erbrechen. Keines der Tiere, die mit 0,5 ml/kg KG Miglyol behandelt wurden, zeigte Erbrechen, was aber möglicherweise an der geringen Anzahl der Tiere lag (n=8). Bei Verträglichkeitsstudie 1, die mit der gleichen Menge Suspension behandelt wurde trat auch nur bei 2 von 16 Tieren Vomitus auf. Außerdem wurde beobachtet, dass die Welpen ihren Vomitus fraßen, eventuell wurde Erbrochenes teilweise nicht festgestellt, weil es bis zur nächsten Verträglichkeitsuntersuchung schon verzehrt worden war.

Nach der Behandlung mit reinem Miglyol hatten 50 bis 83 % (je nach Dosierung) der Hunde Durchfall. Am Folgetag, nach der Behandlung mit Wasser, zeigte kein Hund Veränderungen in der Kotkonsistenz. Ein Zusammenhang mit der Behandlung kann vermutet werden, obwohl nach der Gabe der miglyolhaltigen Suspensionen nur zwei Hunde Durchfall hatten. SELLERS et al. (2005) beobachtete ebenfalls Veränderungen in der Kotkonsistenz bei mit Miglyol behandelten Ratten.

7.7 Zusammenfassung

Bei allen Versuchen zeigten gesunde Hunde nach der Verabreichung von miglyolhaltigen Substanzen Vomitus, unabhängig davon, ob es sich um reines Miglyol oder um die Suspension mit oder ohne Wirkstoff handelte. Insgesamt wurden 71 Hunde mit Miglyol behandelt, 31 Tiere mussten sich erbrechen. Daraus kann geschlossen werden, dass Miglyol 812 Erbrechen in Welpen verursacht, dies widerspricht allen Verträglichkeitsstudien, die bisher mit dieser Substanz gemacht wurden (SELLERS et al., 2005; TRAUL et al., 2000). Ob das Alter der Hunde bei der Verträglichkeit eine Rolle spielt, ist nicht geklärt. Auch bei der Behandlung von Hunden mit Stoffen aus der gleichen Stoffgruppe (MCT) wurden keine Unverträglichkeitsreaktionen festgestellt (CHENGELIS et al., 2006; MATULKA et al., 2009; OHNEDA et al., 1984; PORTER et al., 2004). Miglyol ist Lösungsmittel des Präparates Galastop, das bei erwachsenen Hündinnen zur Behandlung von Scheinträchtigkeit mit einer Dosierung von 0,1 ml/kg KG Anwendung findet. Erbrechen tritt als Nebenwirkung äußerst selten auf (VETERINÄRMEDIZINISCHER INFORMATIONSDIENST FÜR ARZNEIMITTELANWENDUNG, 2009)

Nach der Verabreichung von reinem Miglyol hatte der Großteil der Hunde Durchfall. Ein Zusammenhang zwischen der Gabe von reinem Miglyol und der Verschlechterung der Kotkonsistenz kann vermutet werden. Es ist nicht ungewöhnlich, dass große Mengen aufgenommenen Öls Durchfall verursachen (DUCROTTE et al., 1989; BADDAKY-TAUGBØL et al.,

2004). Möglicherweise wird der Darm aber auch durch Comprittol oder Sorbinsäure positiv beeinflusst. Beide Substanzen gelten als sehr gut verträglich (DANIEL, 1986; HUANG et al., 2008; WINKLER et al., 2006)

Wurde das Miglyol durch Sonnenblumenöl ersetzt, erbrach sich kein Hund, jedoch zeigte ein Hund Durchfall. Durchfall kann beim Hund viele Ursachen haben (HUBBARD et al., 2007) und ein direkter Zusammenhang mit der Behandlung ist nicht sicher. Außerdem zeigten viele Tiere bereits vor Behandlung weichen Kot. LEBLANC et al. (2007) stellten ebenfalls fest, dass Sonnenblumenöl von Hunden sehr gut vertragen wird.

8 Wirksamkeitsstudien

8.1 Material und Methoden

8.1.1 Allgemeines Studiendesign

Alle Hunde wurden an ST 0 experimentell infiziert und in verschiedene Gruppen eingeteilt. Den Tieren der Kontrollgruppe wurde ein Placebo verabreicht oder sie blieben unbehandelt. Die Tiere der Behandlungsgruppen wurden entweder therapeutisch (während der Patenz) oder metaphylaktisch (während der Präpatenz) mit einer Suspension behandelt, die den Wirkstoff Toltrazuril enthielt. Bei Wirksamkeitsstudie 1 erhielten die Hunde einer Gruppe 20 mg/kg KG Toltrazuril. Alle anderen behandelten Tiere erhielten zwischen 9 und 10 mg/kg KG Toltrazuril. Diese aus formuliertechnischen Gründen geringe Abweichung der Dosierung wurde als vernachlässigbar angesehen und deshalb in den einzelnen Studien immer eine Dosierung von 10 mg/kg KG angegeben. In allen Fällen entsprach das Applikationsvolumen 0,5 ml/kg KG. Die Suspension wurde den Tieren oral verabreicht und direkt auf den Zungengrund appliziert.

Wirksamkeitskriterium war die Oozystenausscheidung der behandelten Tiere gegenüber der Kontrollgruppe.

8.2 Wirksamkeitsstudie 1

8.2.1 Material und Methoden

8.2.1.1 Allgemeines Studiendesign

Diese Studie wurde in einem nicht randomisierten, unverblindeten Studiendesign durchgeführt.

25 Welpen aus vier Würfen wurden im Alter von drei bis sechs Wochen in die Studie eingeschlossen und experimentell mit je 80 000 Oozysten des *I. ohioensis*-Komplexes infiziert. Drei Würfe mit je sechs Welpen wurden verschiedenen Behandlungsgruppen zugeteilt, ein Wurf mit sieben Welpen diente als unbehandelte Kontrollgruppe.

Tab. 12: Behandlungsschema, Gruppeneinteilung, Dosierung und Behandlungstag

Wurf	Gruppe	Behandlung	Dosierung [ml/kg KG]	Dosierung Toltrazuril [mg/kg KG]	Behandlung an ST	Anzahl Welpen
A	1	unbehandelte Kontrolle	-	-	-	7
B	2	metaphylaktisch	0,5	10	3, 17, 31, 45, 59	6
C	3	metaphylaktisch	0,5	20	3	6
D	4	therapeutisch	0,5	10	7	6

Fünf der sechs Welpen aus Gruppe 3 hatten bereits an ST 3 eine natürliche Infektion und wurden somit therapeutisch gegen die natürliche und metaphylaktisch gegen die experimentelle Infektion behandelt.

8.2.1.2 Veterinärmedizinische Untersuchung, Allgemeine Gesundheitsüberwachung und Verträglichkeitsuntersuchung

Alle Welpen wurden an ST 0, 17, 30, 44 und 58 veterinärmedizinisch untersucht.

Allgemeine Gesundheitsüberwachung mit Beurteilung der aufgenommenen Futtermenge wurde täglich durchgeführt.

Die Verträglichkeit wurden unmittelbar vor, zwei und vier Stunden nach Behandlung untersucht. Am Folgetag fand nochmals eine Verträglichkeitsuntersuchung statt.

8.2.1.3 Körpergewichte

Alle Tiere wurden erstmals an ST 2 und danach einmal wöchentlich gewogen. An Behandlungstagen wurden alle Tiere aller Gruppen ebenfalls gewogen.

8.2.1.4 Koproskopische Untersuchungen

An ST -3 und ST 0 wurde Kot der Mutterhündinnen gesammelt. Kot der Welpen wurde erstmals an ST 2 gesammelt und danach täglich von ST 4 bis ST 11. An ST 14 und ab ST 16 wurde zwei Mal wöchentlich Kot gesammelt.

Nach dem Absetzen an ST 35 wurden wieder täglich Kotproben gesammelt.

Die Kotkonsistenz wurde für alle gesammelten Proben ab ST 7 beurteilt. Eine Oozystenausscheidung von mindestens sechs Kontrolltieren ≥ 1000 OpG wurde als adäquat angesehen.

8.2.2 Ergebnisse

8.2.2.1 Veterinärmedizinische Untersuchung, allgemeine Gesundheitsüberwachung und Verträglichkeitsuntersuchung

Alle Tiere konnten in die Studie eingeschlossen werden und keiner der Hunde erkrankte schwer oder musste während der Studie ausgeschlossen werden.

Bei der Verträglichkeitsuntersuchung vor und nach Behandlung wurden keine auffälligen Befunde dokumentiert, das Toltrazuril wurde gut vertragen.

Bei der allgemeinen Gesundheitsüberwachung fiel auf, dass ab ST 39 bei jeweils zwei Tieren aus Gruppe 2 und 4 und bei jeweils 4 Tieren aus Gruppe 1 und 3 der Futterkonsum sank.

8.2.2.2 Körpergewichte

Durchschnittlich nahmen die Welpen der Kontrollgruppe (Gruppe 1) 1640 g, die Welpen der metaphylaktisch mit 10 mg/kg KG Toltrazuril behandelten Gruppe (Gruppe 2) 1650g und die Welpen der metaphylaktisch mit 20 mg/kg KG Toltrazuril behandelten Gruppe (Gruppe 3) 1650 g zu. Die Welpen der therapeutisch behandelten Gruppe (Gruppe 4) nahmen im Schnitt um 1900 g zu. Es war kein signifikanter Unterschied der Gewichtszunahmen der behandelten Tiere gegenüber den Kontrolltieren feststellbar ($p \geq 0{,}29$).

An ST 2 waren die Welpen zwischen 0,9 und 1,4 kg schwer. Jeweils ein Tier aus Gruppe 2 und Gruppe 4 verlor zwischen ST 2 und ST 7 je 100 g Gewicht, bei sechs Tieren (je zwei Tiere aus Gruppe 2, Gruppe 3 und Gruppe 4) stagnierte das Gewicht in diesem Zeitraum. Bis ST 35 nahmen dann alle Hunde an Gewicht zu und wogen an diesem Tag zwischen 1,9 und 3,3 kg.

Zwischen ST 37 und ST 44 nahm ein Hund aus der Kontrollgruppe um 200 g ab, ein Welpe aus Gruppe 2 nahm 100 g ab. Bei zwei Welpen aus der Kontrollgruppe und einem Welpen aus Gruppe 4 stagnierte in diesem Zeitraum das Gewicht.

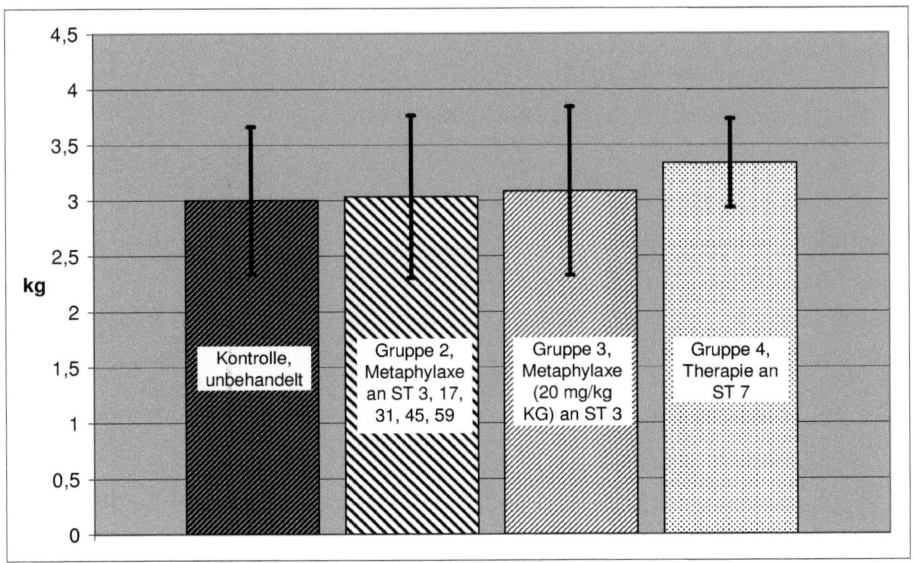

Abb. 13: Gewichtszunahme, arithmetisches Mittel aller Gruppen mit Standardabweichung

8.2.2.3 Koproskopische Befunde

8.2.2.3.1 Kotkonsistenz

Die meisten Veränderungen in der Kotkonsistenz wurden zwischen ST 7 und ST 19 beobachtet. Danach hatte an ST 41 je ein Hund aus Gruppe 2 und Gruppe 4 weichen Kot. Bei den Kontrolltieren kamen Kotveränderungen etwa doppelt so oft vor wie bei den behandelten Tieren. Die Signifikanzanalyse ergab p-Werte von 0,033 (Gruppe 3) bis 0,13 (Gruppe 2).

Tab. 13: Veränderungen der Kotkonsistenz zwischen ST 7 und ST 19

Gruppe	Anzahl Proben mit Konsistenzveränderung [%]	davou				
		Normaler Kot mit Blut [%]	Weicher Kot [%]	Weicher Kot mit Blut [%]	Durchfall [%]	Blutiger Durchfall [%]
1	46,6	-	54	32	11	4
2	24,0	-	92	8	-	-
3	22,0	9	82	9	-	-
4	24,0	8	50	33	8	-

8.2.2.3.2 OpG

An ST -3 wurden die Mutterhündinnen von Wurf A (Gruppe 1) und Wurf C (Gruppe 3) positiv auf Oozysten des *I. ohioensis*-Komplexes getestet, an ST 0 schied auch die Mutterhündin der Welpen aus Gruppe 4 *I. ohioensis*-Komplex-Oozysten aus. Nur die Mutterhündin von Wurf B (Gruppe 2) schied vor der Infektion der Welpen keine Kokzidien aus.

Die Welpen der Kontrollgruppe schieden zwischen ST 6 und St 14 mindestens 2000 OpG aus. An ST 7 und ST 8 wurden bei drei Tieren mehr als 10 000 OpG und bei vier Tieren mehr als 100 000 OpG gefunden. Ab ST 16 ging die Ausscheidung zurück, an ST 24 waren nur noch zwei Hunde positiv, danach wurden keine Oozysten mehr ausgeschieden.

Die Welpen der Gruppe 2 wurden metaphylaktisch an ST 3, 17, 24, 31 und 45 mit 10 mg/kg KG Toltrazuril behandelt. Zwischen ST 7 und ST 11 wurden bei fünf Tieren aus dieser Gruppe Oozysten im Kot nachgewiesen. Die Ausscheidungsrate war bei vier Tieren gering (67 bis 5600 OpG). Ein Hund aus Gruppe 2 schied allerdings über fünf Tage bis zu 25 192 OpG aus.

Alle Hunde der Gruppe 3 wurden an ST 3 mit 20 mg Toltrazuril behandelt. Fünf der sechs Welpen waren einen Tag vor bzw. am Tag der Behandlung patent (467 bis 113 833 OpG). Ab ST 4 schieden noch vier Welpen Oozysten aus (≤ 5000 OpG), an ST 5 und ST 6 schied noch je ein Hund 67 OpG aus. Danach waren alle Tiere negativ.

Drei Hunde der Gruppe 4 schieden zwei Tage post infectionem bereits Oozysten des *I. ohioensis*-Komplexes aus (333 bis 23 867 OpG). An Tag sechs stieg die Oozystenausscheidung sprunghaft an (6133 bis 627 120 OpG). Da alle Tiere patent waren, wurden sie therapeutisch an ST 7 mit 10 mg/kg KG Toltrazuril behandelt. Am Behandlungstag waren alle Hunde deutlich positiv (≥ 133 464 OpG), einen Tag nach der Behandlung ging die Oozystenausscheidung deutlich zurück (0 bis 12 730 OpG). An ST 8 schied ein Hund dieser Gruppe noch 133 OpG des *I. ohioensis*-Komplexes aus, alle anderen Tiere waren negativ. Bis Studienende wurden keine weiteren Oozysten im Kot entdeckt.

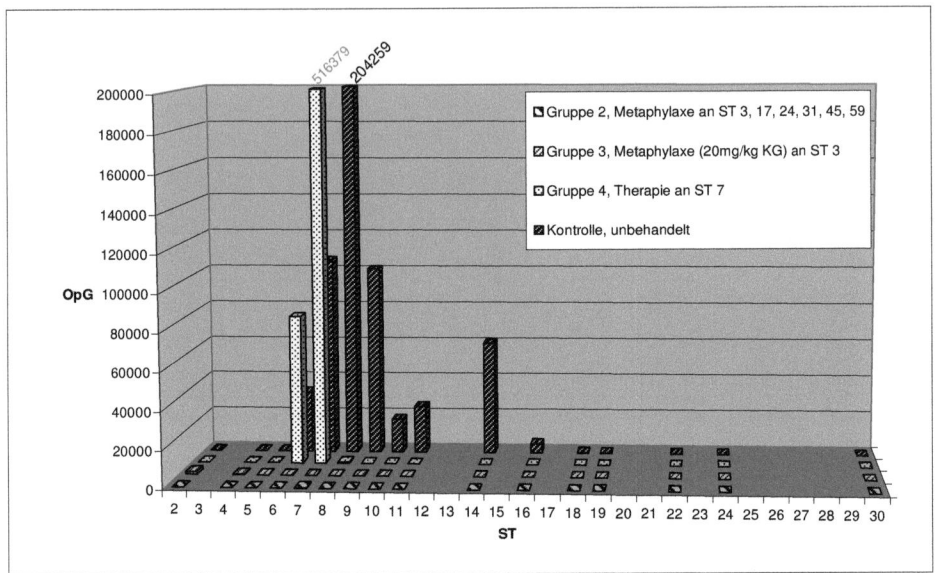

Abb. 14: Geometrische Mittelwerte OpG *I. ohioensis*- Komplex aller Gruppen, behandelt mit 20 (Gruppe 3) oder 10 mg/kg KG Toltrazuril, gekappt bei 200 000 OpG,

8.2.2.4 Wirksamkeit

Zwischen ST 6 und ST 14 wies die Kontrollgruppe eine adäquate Infektion auf (OpG ≥ 1000 bei sechs oder mehr Tieren).

<u>Metaphylaktische Wirksamkeit gegen *I. ohioensis*-Komplex (10 mg/kg KG Toltrazuril)</u>

Die Oozystenreduktion betrug bei Gruppe 2 in dieser Zeit 99,7 bis 100 %. Die Oozystenausscheidung von Gruppe 2 war signifikant geringer als die der Kontrollgruppe (p ≤ 0,0288).

<u>Metaphylaktische Wirksamkeit gegen *I. ohioensis*-Komplex (20 mg/kg KG Toltrazuril)</u>

Kein Tier aus Gruppe 3 schied Oozysten in dem Zeitraum aus, in dem die Kontrollgruppe eine adäquate Infektion aufwies. Die Oozystenausscheidung wurde also um 100 % verringert. Der Parasitenbefall der Gruppe 3 war signifikant geringer als der der Kontrollgruppe (p ≤ 0,0458).

<u>Therapeutische Wirksamkeit gegen *I. ohioensis*-Komplex (10 mg/kg KG Toltrazuril)</u>

Bei Gruppe 4 ging die Oozystenausscheidung einen Tag nach Behandlung (ST 8) bereits um 99,7 % zurück und die Reduktion blieb bis ST 14 bei 100 %. In diesem Zeitraum waren die Tiere der Gruppe 4 signifikant geringer von *I. ohioensis*-Komplex befallen als ihre Artgenossen aus der Kontrollgruppe (p ≤ 0.0244).

8.2.3 Diskussion

8.2.3.1 Veterinärmedizinische Untersuchung, Allgemeine Gesundheitsüberwachung und Verträglichkeitsuntersuchung

Ab ST 39 sank bei insgesamt 12 Tieren aus allen Gruppen der Futterkonsum. Da dies Tiere aus allen Gruppen betraf, kann diese Änderung weder als kokzidiose- noch als behandlungsbedingt angesehen werden. Außerdem war die Infektion zu diesem Zeitpunkt bereits abgeklungen und die Behandlungen der Tiere aus Gruppe 2, 3 und 4 lagen bereits 8, 36 und 32 Tage zurück.

Die reduzierte Futteraufnahme ist mit dem Absetzen an ST 35 und mit der Futterumstellung von Feucht- auf Trockenfutter in Verbindung zu bringen. GRIFFIN et al. (1984) und HOUPT und SMITH (1981) untersuchten die Futterakzeptanz von Hunden in Zwingeranlagen und fanden heraus, dass die Akzeptanz von Trockenfutter wesentlich schlechter ist als die von Feuchtfutter.

8.2.3.2 Körpergewichte

Die Gewichtsentwicklung aller Welpen war physiologisch.

Die Welpen der Kontrollgruppe und der Gruppe 2 und 3 nahmen im Studienverlauf etwa gleich viel zu. Die Welpen der Gruppe 4 nahmen durchschnittlich ca. 250g mehr zu. Da die Tiere nicht randomisiert waren und wurfweise den Gruppen zugeordnet wurden, könnte diese Gewichtsentwicklung mit dem Erbmaterial der Elterntiere zusammen hängen. TRANGERUD et al. (2007) und HELMINK et al. (2001) stellten fest, dass die Gewichtsentwicklung auch innerhalb einer Rasse stark variieren kann und dass das Geburtsgewicht von Welpen vom Gewicht des Muttertieres abhängt.

Das Stagnieren der Gewichtsentwicklung oder der Gewichtsverlust zwischen ST 2 und ST 7 könnte mit dem kurzen Untersuchungszeitraum zusammenhängen. Die Gewichtsabnahme oder -stagnation zwischen ST 37 und ST 44 betraf im Wesentlichen die Tiere, für die auch eine geringere Futteraufnahme dokumentiert wurde und ist damit in Verbindung zu bringen.

8.2.3.3 Kotkonsistenz

Weicher Kot wurde bei zwei Tieren an ST 41 festgestellt. Keines der Tiere wurde an diesem Tag behandelt oder schied Oozysten aus. Weder ein Zusammenhang mit Infektion noch Behandlung kann hergestellt werden. Nach HUBBARD et al. (2007) und CORLOUER und HERIPRET (1990) kann Durchfall und weicher Kot viele Ursachen in jungen Hunden haben und muss nicht immer mit einer parasitären Erkrankung einhergehen.

Die Veränderungen in der Kotkonsistenz zwischen ST 7 und ST 19 sind auf die Kokzidieninfektion zurückzuführen (BECKER, 1980; CONBOY, 1998; DUBEY, 1978b; JUNKER und HOUWERS, 2000; MITCHELL et al., 2007). In diesem Untersuchungszeitraum war die Häufigkeit und Schwere von Veränderungen in der Kotkonsistenz bei den Kontrolltieren am stärksten (46,6 % gegenüber 22 bis 24 %). Bei den Tieren der Gruppen 2 und 3 konnte überhaupt kein Durchfall beobachtet werden.

Die Kokzidiose nimmt durch die Behandlung mit Toltrazuril einen milderen Verlauf, ähnlich wie bei den Ferkeln (MUNDT et al., 2003). Diese Studie bestätigt die Ergebnisse von BUEHL et al. (2006), die mit 20 mg/kg KG Ponazuril behandelte und DAUGSCHIES et al. (2000), die ebenfalls weniger Durchfälle bei mit Toltrazuril behandelten Tieren dokumentieren konnten, auch bei einer Dosis von 10 mg/kg KG.

8.2.3.4 OpG und Wirksamkeit

Die Kotuntersuchungen der Mutterhündinnen lassen darauf schließen, dass die Welpen aus Gruppe 1, 3 und 4 bereits vor der experimentellen Infektion Kontakt mit *I. ohioensis*-Komplex-Oozysten hatten und sich bereits vor Studienbeginn am Kot der Mutter infiziert haben (GASS, 1971; GASS, 1978). Ab ST 6 stieg die Oozystenausscheidung bei Gruppe 1 und Gruppe 4 deutlich an. Dies deutet auf den Ausbruch der experimentellen Infektion hin, die einen normalen Infektionsverlauf mit einer Präpatenz von sechs Tagen und einer Patenz von 12 bis 22 Tagen bei den Kontrolltieren zeigte (ROMMEL et al., 2000a; ROMMEL und ZIELASKO, 1981).

Die Wirksamkeit war in allen drei behandelten Gruppen sehr gut und eine Behandlung reduziert die Kontaminierung der Umwelt mit *Isospora*-Oozysten. Für Gruppe 3 konnte sowohl eine therapeutische Wirksamkeit gegen die natürliche Infektion als auch eine metaphylaktische Wirksamkeit gegen die experimentelle Infektion festgestellt werden. Eine Dosis von 20 mg/kg KG Toltrazuril scheint nicht zwingend notwendig zu sein, 10 mg/kg KG Toltrazuril sind ausreichend wirksam, was auch DAUGSCHIES et al. (2000) publizierten und in dieser Studie erstmals für die Therapie festgestellt wurde. Eine Nachbehandlung alle zwei Wochen scheint ebenfalls nicht notwendig zu sein, da auch die einmalige Behandlung mit Toltrazuril oder einem Toltrazuril-Metaboliten nachhaltig die Oozystenausscheidung verhindert (BUEHL et al., 2006; DAUGSCHIES et al., 2000).

8.3 Wirksamkeitsstudie 2, 3 und 4

8.3.1 Material und Methoden

8.3.1.1 Allgemeines Studiendesign

Diese randomisierten, verblindeten Studien wurden nach dem GCP (good clinical practice) Standard der International Cooperation on Harmonization of Technical Requirements for the Registration of Veterinary Medicinal Products (VICH) Guideline 9 durchgeführt.

Alle Welpen wurden an ST 0 mit *Isospora* spp. Oozysten infiziert. Am Tag der Infektion wurden die Tiere randomisiert. An ST 2 bzw. ST 4 wurde Gruppe 2 metaphylaktisch mit 10 mg/kg KG Toltrazuril behandelt, die Kontrollgruppe bekam ein Placebopräparat. Die Tiere der Gruppe 3 wurden individuell einen Tag nachdem eine adäquate Infektion (OpG ≥ 1000 bzw. ≥ 500) nachgewiesen wurde behandelt.

8.3.1.2 Randomisierung

Am Tag der Infektion wurden die Tiere innerhalb der Würfe nach Körpergewichten und Geschlechtern randomisiert. Somit waren innerhalb einer Gruppe Tiere aus verschiedenen Würfen und die Wurfgeschwister gehörten verschiedenen Gruppen an. Außerdem befanden sich in jeder Gruppe Tiere beiden Geschlechtes und die Verteilung der Körpergewichte war zwischen den Gruppen nahezu ausgeglichen.

8.3.1.3 Verblindung

Die Randomisierung der Tiere und die Behandlung wurden von Personal vorgenommen, dass sonst nicht in die Studie involviert war. Dieses unverblindete Personal hatte Zugriff auf alle Studiendaten, war sonst aber nicht an der Studie beteiligt.

Die Randomisierungsliste und Behandlungsformblätter wurden für das verblindete Personal unzugänglich aufbewahrt. Alle anderen Studiendaten wurden von verblindeten Personen erhoben.

Nach Ende der Studie und nachdem die letzten Daten erhoben wurden, wurden die verblindeten Personen entblindet.

8.3.1.4 Veterinärmedizinische Untersuchung, allgemeine Gesundheitsüberwachung und Verträglichkeitsuntersuchung

Die Welpen wurden an ST 0 und am Tag der metaphylaktischen Behandlung (ST 2 bzw. ST 4) veterinärmedizinisch untersucht.

An einem Behandlungstag eines Tieres von Gruppe 3 wurden eine tierärztliche Untersuchung und die Verträglichkeitsuntersuchung auch für die Wurfgeschwister des zu behandelnden Tieres durchgeführt, um die Verblindung aufrecht zu erhalten.

Verträglichkeitsuntersuchungen wurden unmittelbar vor und eine halbe, ein, zwei, drei, vier, sechs und acht Stunden nach Behandlung durchgeführt.

Allgemeine Gesundheitsüberwachung wurde täglich von ebenfalls verblindetem Personal durchgeführt.

8.3.1.5 Körpergewichte

Alle Welpen wurden an ST 0 und am Tag der metaphylaktischen Behandlung (ST 2 bzw. ST 4) gewogen, danach zweimal wöchentlich. Musste ein Tier aus Gruppe 3 an keinem regulären Wiegetag behandelt werden, wurde der entsprechende Welpe von einer unverblindeten Person gewogen und das Gewicht direkt auf dem Behandlungsformblatt, für das verblindete Personal unzugänglich, dokumentiert.

8.3.1.6 Koproskopische Untersuchung

Individualkot der Welpen wurde immer einen Tag vor der Infektion gesammelt. Am Tag der Infektion und der metaphylaktischen Behandlung wurde kein Kot gesammelt. Nach der metaphylaktischen Behandlung wurde täglich Kot gesammelt bis mindestens fünf Tage nach dem letzten therapeutischen Behandlungstag.

Bei der Konsistenzbestimmung wurde "normal" und "weicher Kot" zusammengefasst, da vorherige Studien gezeigt haben, dass eine gewisse Abweichung der Kotkonsistenz für Welpen normal ist.

8.3.1.7 Wirksamkeitsberechnung der therapeutischen Behandlung

Für die Berechnung der therapeutischen Wirksamkeit des Toltrazuril, wurde jedem einzelnen Kontrolltier ein definierter Behandlungstag zugeteilt. Dies war der Tag, nach welchem das Tier das erste Mal mehr als 1000 bzw. 500 OpG ausschied. Danach wurden die Behandlungstage der Gruppe 3 und die gedachten Behandlungstage der Kontrolltiere als ein Pseudobehandlungstag definiert und für diesen und die darauffolgenden Pseudotage die Oozystenreduktion nach gleicher Formel berechnet.

8.4 Wirksamkeitsstudie 2

8.4.1 Allgemeines Studiendesign

25 Welpen wurden im Alter von drei bis sechs Wochen experimentell mit 80 000 Oozysten des *I. ohioensis*-Komplexes infiziert. An ST 2 wurde die Kontrollgruppe mit einem Placebopräparat und Gruppe 2 mit 10 mg/kg KG Toltrazuril behandelt. Die Welpen der Gruppe 3 wurden mit der gleichen Dosierung behandelt, einen Tag nachdem sie eine adäquate Infektion aufwiesen, also mehr als 1000 OpG ausschieden.

Tab. 14: Behandlungsschema, Dosis und Behandlungstag und gedachter Behandlungstag

Gruppe	Behandlung	Dosierung-Suspension [ml/kg KG]	Dosierung Toltrazuril [mg/kg KG]	Behandlung (ST)	Anzahl Hunde
1	Placebo	0,5	-	2	8
1	Gedachter Behandlungstag für therapeutische Wirksamkeitsberechnung (siehe 8.3.1.7)	-	-	6	7
1		-	-	8	1
2	metaphylaktisch	0,5	10	2	9
3	therapeutisch	0,5	10	6	4
3	therapeutisch	0,5	10	7	1
3	therapeutisch	0,5	10	8	2

Ein Welpe aus Gruppe 3 entwickelte keine adäquate Infektion und wurde nicht behandelt und nachträglich aus der Studie ausgeschlossen. Kot wurde einen Tag vor und einen Tag nach Infektion sowie von ST 3 bis ST 13 täglich gesammelt.

8.4.1.1 Ergebnisse

8.4.1.1.1 Veterinärmedizinische Untersuchung, allgemeine Gesundheitsüberwachung und Verträglichkeitsuntersuchung

8.4.1.1.1.1 Veterinärmedizinische Untersuchung, allgemeine Gesundheitsüberwachung

Alle Welpen wurden in die Studie eingeschlossen. Keiner der Welpen entwickelte schwere gesundheitliche Probleme während der Studie. Welpe A8917 (Gruppe 3) entwickelte keine adäquate Infektion (an keinem Tag ≥ 1000 OpG) und wurde nicht behandelt. Dieser Welpe wurde nachträglich aus der Studie ausgeschlossen und alle erhobenen Studiendaten wie

Körpergewicht, Kotkonsistenz und OpG dieses Tieres wurden nicht in der Auswertung berücksichtigt.

Bei einem Tier aus Gruppe 2 wurde an ST 0 und ST 1 festgestellt, dass es direkt nach dem Fressen erbrach.

8.4.1.1.1.2 Verträglichkeitsuntersuchung vor Behandlung

Tab. 15: Befunde bei den Verträglichkeitsuntersuchungen vor Behandlung

Gruppe	Behandlung an ST	Tier Nr.	Befund	festgestellt an ST	Zeitpunkt relativ zur Behandlung
3	6	D8696	ruhig	2	vorher
	6	D3799	Durchfall	6	
	7	E9776	Durchfall	7	
	8	E6282	Durchfall	7	
	8	E6282	Durchfall	8	

Welpe Nr. D8696 machte bei den Verträglichkeitsuntersuchungen an ST 2 einen unaufmerksamen, wenig aktiven Eindruck. Dieser Welpe saß an diesem Tag meist abseits seiner Wurfgeschwister und der Mutter und ging Spielaufforderungen aus dem Weg. Eine Stunde nach Behandlung war das Tier bereits wieder unauffällig.

Außerdem wurde Durchfall bei drei Tieren festgestellt. Alle Tiere mit auffälligen Befunden gehörten Gruppe 3 an.

8.4.1.1.1.3 Verträglichkeitsuntersuchung nach Behandlung

Bei den Verträglichkeitsuntersuchungen nach Behandlung wurde bei einigen Tieren Durchfall festgestellt.

Tab. 16: Befunde bei den Verträglichkeitsuntersuchungen nach Behandlung

Gruppe	Behandlung an ST	Tier Nr.	Befund	Festgestellt an ST	Zeitpunkt relativ zur Behandlung
1	2 (Placebo)	E 0652	Durchfall	6	+ 4 Tage
		E 0652	Durchfall	7	+ 5 Tage
		E 8613	Durchfall	7	+ 5 Tage
2	2	C 1472	Durchfall	6	+ 4 Tage
		D 7241	Durchfall	6	+ 4 Tage
		E 3450	Durchfall	6	+ 4 Tage
3	7	E 9776	Durchfall	8	+ 1 Tag

An ST 6 wurde außerdem Durchfall bei Wurf D eine halbe und acht Stunden nach Behandlung festgestellt.

8.4.1.1.2 Körpergewichte

Durchschnittlich nahmen die Welpen der Kontrollgruppe (Gruppe 1) 840g, die Welpen der metaphylaktisch behandelten Gruppe (Gruppe 2) 850g und die Welpen der therapeutisch behandelten Gruppe (Gruppe 3) 670g zu. Es konnte kein signifikanter Unterschied in der Gewichtsentwicklung von behandelten gegenüber den Kontrolltieren festgestellt werden (p ≥ 0,35).

An ST -1 waren die Welpen zwischen 0,9 und 1,8 kg schwer.

Zwei Tiere aus Gruppe 3 nahmen zwischen ST -1 und ST 2 nicht an Gewicht zu. Bei einem Hund aus der gleichen Gruppe stagnierte das Gewicht zwischen ST 2 und ST 6 und bei einem Anderen aus Gruppe 2 zwischen ST 6 und ST 9.

Ein Hund (Gruppe 2) nahm zwischen ST 6 und ST 9 um 100 g ab.

Bei Studienende waren die Welpen 1,5 bis 3,0 kg schwer.

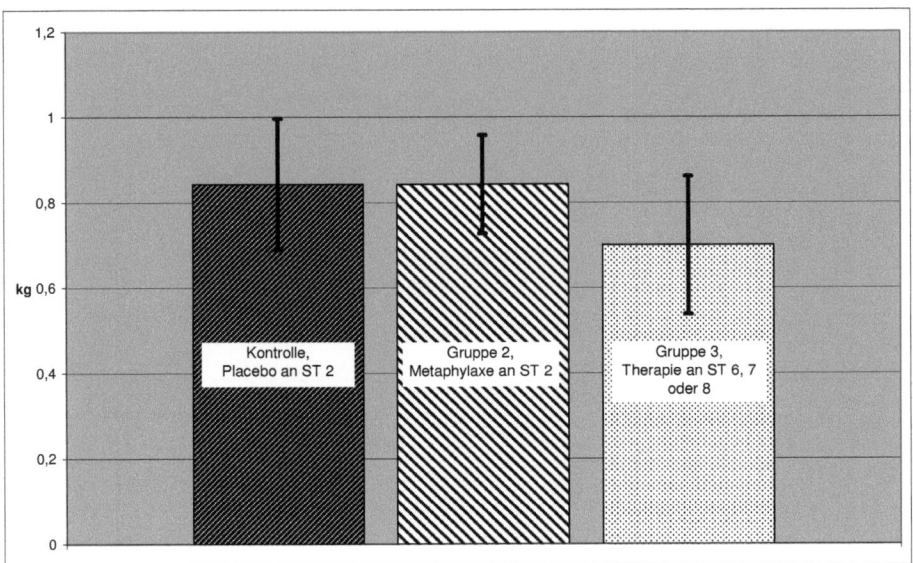

Abb. 14: Gewichtszunahme, arithmetisches Mittel aller Gruppen mit Standardabweichung

8.4.1.1.3 Koproskopische Befunde

8.4.1.1.3.1 Kotkonsistenz

Die erste Änderung in der Kotkonsistenz wurde bereits einen Tag nach Infektion festgestellt. Bis Studienende (ST 13) konnten Durchfall, wässriger Durchfall und blutig-wässriger Durchfall dokumentiert werden. Normal geformter Kot mit Blut oder blutiger Durchfall kamen nicht vor. Die Tiere der Kontrollgruppe und die therapeutisch behandelten Tiere zeigten Kotveränderungen bei über 25 % bzw. über 23 % der Kotproben, bei den metaphylaktisch behandelten Tieren waren nur 11,2 % der gesammelten Kotproben mit veränderter Konsistenz. Die Signifikanzanalyse ergab p = 0,057 für Gruppe 2 gegenüber der Kontrollgruppe und p = 0,92 für Gruppe 3 gegenüber der Kontrollgruppe.

Tab. 17: Veränderungen der Kotkonsistenz zwischen ST 1 und ST 13

Gruppe	Anzahl Proben mit Konsistenzveränderung [%]	davon		
		Durchfall [%]	wässriger Durchfall [%]	blutig-wässriger Durchfall [%]
1	25,6	83	13	4
2	11,2	91	9	-
3	23,3	90	10	-

OpG

Es wurden keine *I. canis*-Oozysten im Verlauf der Studie gefunden.

Bereits einen Tag vor Infektion schieden drei Hunde Oozysten des *I. ohioensis*-Komplexes aus (33 bis 67 OpG).

An ST 5 stieg die Oozystenausscheidung bei den Kontrolltieren sprunghaft an (bis zu 181 000 OpG) und an diesem Tag waren bereits sieben der acht Hunde patent. Von ST 6 bis ST 10 schieden alle Welpen der Kontrollgruppe Oozysten aus, bei Studienende noch vier Tiere.

Von den Tieren aus Gruppe 2 schied an ST 3 und ST 5 je ein Hund 33 OpG aus, an ST 6 waren vier Tiere patent (33 bis 867 OpG). An ST 8 und ST 12 schieden je zwei Tier Oozysten aus (67 bis 1400 OpG), sonst blieben die Hunde negativ. Insgesamt wurde bei den an ST 2 behandelten Welpen nur wenige Oozysten im Kot gefunden (≤ 1400 OpG).

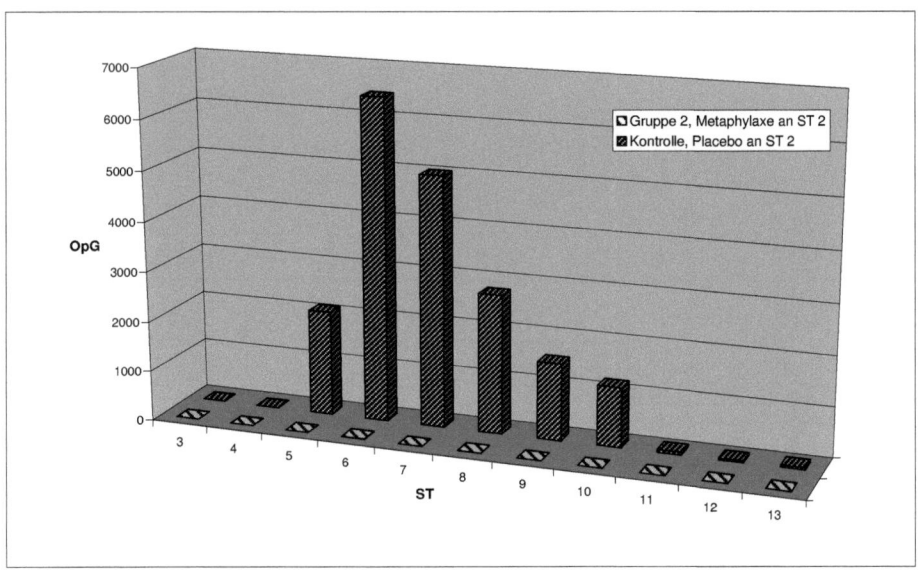

Abb. 15: Geometrischer Mittelwert OpG *I. ohioensis*- Komplex, Kontrolle und metaphylaktisch mit 10 mg/kg KG Toltrazuril behandelte Gruppe

Ein Tier aus Gruppe 3 schied an ST -1 große Mengen Oozysten des *I. ohioensis*-Komplex aus (20 100 OpG). Ein anderer Hund schied an ST 3 bereits 567 OpG aus. Die anderen therapeutisch zu behandelten Tiere wurden an Tag fünf post infectionem patent (200 bis 17 367 OpG) und fünf Hunde dieser Gruppe wurden an ST 6 behandelt. Bis ST 8 waren alle Hunde behandelt. Einen Tag nach Behandlung waren noch zwei Hunde positiv (33 und 1400 OpG), danach kam es nur noch zu sporadische Oozystenausscheidung einzelner Tiere an einzelnen Tagen (OpG ≤ 767).

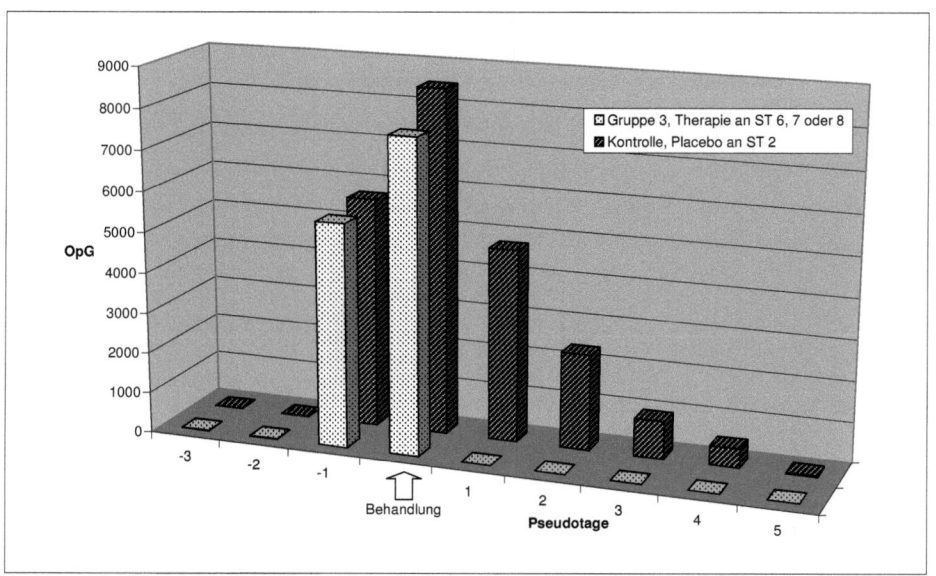

Abb. 16: Geometrischer Mittelwert OpG *I. ohioensis*- Komplex, Kontrolle und therapeutisch mit 10 mg/kg KG Toltrazuril behandelte Gruppe

8.4.1.1.4 Wirksamkeit

Zwischen ST 5 und ST 8 hatten die Tiere der Kontrollgruppe eine adäquate Infektion (mindestens sechs Hunde mit mehr als 1000 OpG)

Metaphylaktische Wirksamkeit gegen *I. ohioensis*-Komplex

Die Oozystenreduktion betrug bei Gruppe 2 in dieser Zeit 99,8 bis 100 %. Die Oozystenausscheidung von Gruppe 2 war signifikant geringer als die der Kontrollgruppe ($p \leq 0.0020$).

Therapeutische Wirksamkeit gegen *I. ohioensis*-Komplex

Der Behandlungstag der Gruppe 3 und der gedachte Behandlungstag der Kontrollgruppe lagen zwischen ST 6 und ST 8. Die Kontrollgruppe wies noch zwei Tage nach dem Pseudobehandlungstag eine adäquate Infektion auf. An diesen Tagen war die Oozystenreduktion 98,2 und 100 %. Die Oozystenausscheidung von Gruppe 3 war signifikant geringer als die der Kontrollgruppe ($p \leq 0.00062$).

8.4.2 Diskussion

8.4.2.1 Veterinärmedizinische Untersuchung, allgemeine Gesundheitsüberwachung und Verträglichkeitsuntersuchung

Ein Tier erbrach an ST 0 und ST 1 sein Futter. Eine behandlungsbedingte Reaktion kann ausgeschlossen werden, da das Tier zu diesem Zeitpunkt noch nicht behandelt war. Auch eine infektionsbedingte Reaktion ist unwahrscheinlich, da *Isospora*-Infektionen zwar den Darm, aber nicht den Magen schädigen (DUBEY, 1978a; DUBEY, 1978b) und Erbrechen nicht zur Symptomatik der Kokzidiose gehört (BECKER, 1980; CONBOY, 1998; DUBEY, 1978b; JUNKER und HOUWERS, 2000; MITCHELL et al., 2007). Nach Aussagen von HUBBARD et al. (2007) und CORLOUER und HERIPRET (1990) kommt es auch bei gesunden Hunden phasenweise zu Erbrechen und Welpen schlingen das Futter sehr schnell runter, was ebenfalls zu Vomitus führen kann (MALM, 1996).

Bei mehreren Welpen aus allen Gruppen fielen bei den Verträglichkeitsuntersuchungen an ST 6, 7 und 8 Durchfälle auf. Diese können nicht in Verbindung mit der Behandlung gebracht werden, da sie für einige Tiere aus Gruppe 3 bereits vor Behandlung und für die Tiere der beiden anderen Gruppen ein bis fünf Tage nach Behandlung auftraten, egal ob sie behandelt waren oder nicht. Diese Durchfälle sind wahrscheinlich kokzidiosebedingt, da sie zu Beginn der Patenz auftraten (DAUGSCHIES et al., 2000; DUNBAR und FOREYT, 1985).

Schlechtes Allgemeinbefinden (ruhig, unaufmerksam) von Hund D8696 (Gruppe 3) trat zwei Tage bevor das Tier Durchfall hatte und drei Tage vor der ersten Oozystenausscheidung auf. Möglicherweise zeigte das Tier kokzidiosebedingt gestörtes Allgemeinbefinden. Unwohlsein bis hin zur Apathie sind typische Symptome der Kokzidiose bei Welpen (BAEK et al., 1993; DUBEY, 1978b; NEMESÉRI, 1960; OLSON, 1985). Ein Zusammenhang mit der Behandlung kann ausgeschlossen werden, da dieses Tier erst vier Tage später behandelt wurde.

8.4.2.2 Körpergewichte

Die Gewichtsentwicklung der Welpen war physiologisch. Ein Zusammenhang zwischen Gewichtsentwicklung und Durchfall wie von DUBEY (1978b), OLSON (1985) und BECKER (1980) beschrieben konnte bei dieser Studie nicht beobachtet werden. Die Welpen der Gruppe 3 nahmen am wenigsten zu was wahrscheinlich an der Verteilung der Würfe innerhalb der Gruppen liegt. Die Tiere aus Wurf E nahmen, unabhängig davon, zu welcher Gruppe sie gehörten, über den gesamten Studienzeitraum nur zwischen 500 und 700 g zu. Da in Gruppe 3 drei Tiere aus diesem Wurf und in den anderen Gruppen nur zwei Tiere aus diesem Wurf waren, war die Gewichtsentwicklung bei Gruppe 3 auch im Mittel am geringsten. Dies bestätigt die Angaben von TRANGERUD et al. (2007), und HELMINK et al. (2000) die heraus fanden, dass die Gewichtsentwicklung auch innerhalb einer Rasse stark variieren kann.

8.4.2.3 Kotkonsistenz

An ST 4, 5, 6 und 7 trat Durchfall bei vielen Hunden auf. Auch DAUGSCHIES et al. (2000) und DUNBAR und FOREYT (1985) stellten nach experimenteller *I. ohioensis*-Komplex-Infektion in diesem Zeitraum Durchfälle fest. Daher ist davon auszugehen, dass dieser kokzidiosebedingt war, zumal er am häufigsten in der Kontrollgruppe und fast genauso häufig bei Gruppe 3 vor Behandlung auftrat. Die metaphylaktische Behandlung reduzierte das Auftreten von Durchfall, was DAUGSCHIES et al. (2000) ebenfalls feststellten, während die Therapie die Kotkonsistenz nicht positiv beeinflusste. Auch trat Durchfall bei Gruppe 3 auch nach der Behandlung noch auf, obwohl keine Oozysten mehr ausgeschieden wurden. Vermutlich wurde das Darmepithel schon während der Präpatenz durch die Schizogoniezyklen geschädigt (DUBEY, 1978a; DUBEY, 1978b). Es regeneriert sich erst nach drei bis vier Wochen vollständig (STAMM et al., 1974).

Der Durchfall an ST 1 und ST 3 lässt sich schwer mit der Kokzidiose in Verbindung bringen und könnte auch andere Ursachen haben (CORLOUER und HERIPRET, 1990; HUBBARD et al., 2007) oder war durch die natürliche Kokzidieninfektion bedingt, die bei diesen Tieren an ST -1 festgestellt wurde (CONBOY, 1998; DUBEY et al., 1978; JUNKER und HOUWERS, 2000; MITCHELL et al., 2007; OLSON, 1985; PENZHORN et al., 1992).

8.4.2.4 OpG und Wirksamkeit

Drei Hunde aus Wurf A schieden bereits vor Studienbeginn geringe Mengen Oozysten aus, auch hier war bereits eine natürliche, wenn auch sehr schwache Infektion vorhanden. Bei der an Tag 1 post infectionem gefundenen geringen Anzahl an Oozysten könnte es sich um Darmpassagen oder auch um einen natürliche Infektion handeln, genau wie bei den an ST 3 ausgeschiedenen Oozysten.

Die Präpatenz der experimentellen Infektion betrug fünf bis sechs Tage und die Patenz dauerte mindestens sechs Tage (ROMMEL et al., 2000).

Die Behandlung mit 10 mg/kg KG Toltrazuril erwies sich sowohl metaphylaktisch als auch therapeutisch als wirksam und reduzierte die Oozystenausscheidung deutlich, wie auch schon DAUGSCHIES et al. (2000) feststellten. Jedoch sollte begleitend zur therapeutischen Behandlung auch eine zusätzliche symptomatische Behandlung erfolgen, wie von GASS

(1971 und 1978) und BOCH et al. (1981) empfohlen wird. Außerdem ist es ratsam während der Präpatenz zu behandeln um eine Kontaminierung der Umgebung zu verhindern.

8.5 Wirksamkeitsstudie 3

8.5.1 Material und Methoden

27 Welpen wurden im Alter von drei bis sechs Wochen experimentell mit 60 000 *I. canis*-Oozysten infiziert. An ST 4 wurde die Kontrollgruppe mit einem Placebopräparat und Gruppe 2 metaphylaktisch mit 10 mg/kg KG Toltrazuril behandelt. Die Tiere der Gruppe 3 wurden mit der gleichen Dosierung behandelt, nachdem eine adäquate *I. canis*-Infektion (OpG ≥1000) nachgewiesen wurde.

Tab. 18: Behandlungsschema, Dosis, Behandlungstag und gedachter Behandlungstag

Gruppe	Behandlung	Dosierung [ml/kg KG]	Dosierung Toltrazuril [mg/kg KG]	Behandlung (ST)	Anzahl Hunde
1	Placebo	0,5	-	4	9
1	Gedachter Behandlungstag für therapeutische Wirksamkeitsberechnung (siehe 8.3.1.7)	-	-	11	4
		-	-	12	1
		-	-	13	4
2	metaphylaktisch	0,5	10	4	9
3	therapeutisch	0,5	10	11	2
		0,5	10	12	6
		0,5	10	13	1

Kot wurde einen Tag vor und einen Tag nach Infektion gesammelt sowie an ST 3 und täglich von ST 5 bis ST 18.

8.5.2 Ergebnisse

8.5.2.1 Veterinärmedizinische Untersuchung, Allgemeine Gesundheitsüberwachung und Verträglichkeitsuntersuchung

Alle Tiere waren gesund und wurden an ST -1 in die Studie eingeschlossen. Keiner der Hunde erkrankte oder musste aus der Studie ausgeschlossen werden. Bei der allgemeinen Gesundheitsüberwachung konnte keine Auffälligkeiten festgestellt werden. Bei den Verträglichkeitsuntersuchungen an ST 4 wurden keine auffälligen Befunde festgestellt.
Bei der Überprüfung der Verträglichkeit vor Behandlung an ST 11 und ST 12 wurden folgende Beobachtungen gemacht:

Tab. 19: Befunde bei den Verträglichkeitsuntersuchungen vor Behandlung

Gruppe	Behandlung an ST	Tier Nr.	Befund	Festgestellt an ST	Zeitpunkt relativ zur Behandlung
3	11	E 2648	Erbrechen/Durchfall	11	vorher
	12	A 0234	Normaler Kot mit Blut	12	
	12	E 0119	Erbrechen	11	
	12		Durchfall	12	

Bei den Verträglichkeitsuntersuchungen nach Behandlung an ST 11 und ST 12 wurden Durchfall und Erbrechen bei Hunden aus allen Gruppen festgestellt. Ein Hund (E3967) fiel durch ruhiges Verhalten und Inaktivität auf. Dieses Tier aus Gruppe 1 wurde einem Veterinär vorgestellt. Außer etwas trockenere Mundschleimhaut konnte nichts festgestellt werden. Im Laufe des Tages besserte sich der Zustand des Hundes wieder, keine weitere Medikation war notwendig.

Tab. 20: Befunde bei den Verträglichkeitsuntersuchungen nach Behandlung

Gruppe	Behandlung an ST	Tier Nr.	Befund	Festgestellt an ST	Zeitpunkt relativ zur Behandlung
1	4 (Placebo)	B 8224	Durchfall	12	+ 8 Tage
		E 4889	Durchfall	11	+ 7 Tage
		E 3967	Erbrechen	11	+ 7 Tage
			Durchfall	12	+ 8 Tage
			Ruhig, etwas trockene Mundschleimhaut	12	+ 8 Tage
2	4	E 7027	Erbrechen	11	+ 7 Tage
3	11	E 2648	Durchfall	12	+ 1 Tag

8.5.2.2 Körpergewichte

Durchschnittlich nahmen die Welpen der Kontrollgruppe (Gruppe 1) 730 g, die Welpen der metaphylaktisch behandelten Gruppe (Gruppe 2) 980 g und die Welpen der therapeutisch behandelten Gruppe (Gruppe 3) 650 g zu. Es konnte kein signifikanter Unterschied in der Gewichtsentwicklung von behandelten gegenüber den Kontrolltieren festgestellt werden (p $\geq 0{,}084$).

An ST -1 waren die Welpen zwischen 0,9 und 2,0 kg schwer. Keines der Tiere nahm zwischen zwei Wiegetagen ab. Zwischen ST 4 und ST 7 stagnierte die Gewichtsentwicklung bei drei Tieren aus Gruppe 1, bei zwei Tieren aus Gruppe 2 und bei sieben Tieren aus Gruppe 3. Zwei Hunde aus Gruppe 1 hatte von ST 4 bis ST 11 das gleiche Gewicht. Zwei Tiere aus Gruppe 3 nahmen zwischen ST 7 und ST 11 nicht zu und bei insgesamt fünf Tieren aus Gruppe 1 und 3 stagnierte die Gewichtsentwicklung zwischen ST 11 und ST 14.

Bei Studienende (ST 18) wogen die Tiere zwischen 1,4 und 3,3 kg.

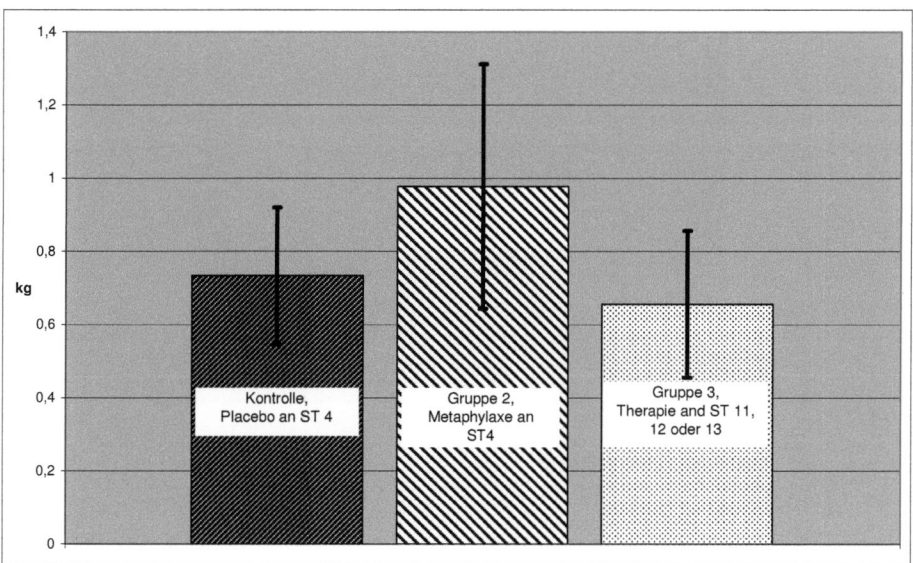

Abb. 17: Gewichtszunahme, arithmetisches Mittel aller Gruppen mit Standardabweichung

8.5.2.3 Koproskopische Befunde

8.5.2.3.1 Kotkonsistenz

Die ersten Veränderungen in der Kotkonsistenz wurden 5 Tage post infectionem festgestellt. Die Tiere aus Gruppe 2 hatten deutlich weniger Durchfall und dieser trat erst an ST 17 und ST 18 auf, während bei den Tieren der anderen Gruppen Veränderungen in der Kotkonsistenz vor allem zwischen ST 5 und ST 13 auftraten. Die metaphylaktisch behandelten Tiere litten an weniger als halb so vielen Tagen an Durchfall wie die therapeutisch oder placebobehandelten Tiere. Wässriger Durchfall kam nur bei einem Tier aus Gruppe 3 vor, die Tiere aus Gruppe 2 hatten öfter normal geformten Kot mit Blutbeimengungen. Die Signifikanzanalyse ergab $p = 0{,}10$ für Gruppe 2 gegenüber der Kontrollgruppe und $p = 0{,}44$ für Gruppe 3 gegenüber der Kontrollgruppe.

Tab. 21: Veränderungen der Kotkonsistenz zwischen ST 5 und ST 18

Gruppe	Anzahl Proben mit Konsistenzveränderung [%]	davon			
		normaler Kot mit Blut [%]	Durchfall [%]	Wässriger Durchfall [%]	blutiger Durchfall [%]
1	11,0	8	69	-	23
2	4,4	20	60	-	20
3	16,9	10	60	10	20

8.5.2.3.2 OpG

I. canis

An ST 1 wurden vereinzelt hoch sporulierte *I. canis*-Oozysten im Kot der Tiere gefunden (33 bis 133 OpG).

Vier Hunde aus der Kontrollgruppe schieden an ST 8 und ST 9 geringe Mengen Oozysten aus (≤ 233 OpG). Ab ST 10 stieg die Infektion deutlich an (≤ 18067 OpG), ab ST 12 waren alle Kontrolltiere patent mit hohen Ausscheidungsraten (9033 bis 1 006 667 OpG) und erst 17 Tage post infectionem ging die Oozystenausscheidung wieder zurück. An den ST 17 und 18 waren noch jeweils vier Hunde patent.

Zwischen ST 10 und ST 18 konnten *I. canis*-Oozysten bei insgesamt sieben Tieren der Gruppe 2 nachgewiesen werden. Kein Tier schied länger als drei Tage hintereinander Oozysten aus und die ausgeschiedene Menge war relativ gering (33 bis 23 333 OpG).

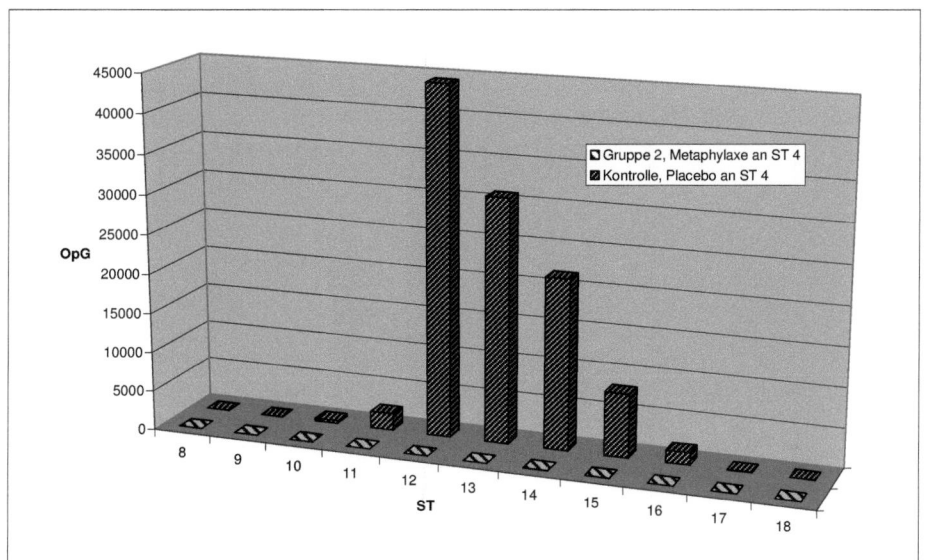

Abb. 18: Geometrischer Mittelwert OpG *I. canis*, Kontrolle und metaphylaktisch mit 10 mg/kg KG Toltrazuril behandelte Gruppe

An ST 8 bzw. ST 9 schied je ein Hund aus der therapeutisch behandelten Gruppe 33 OpG aus. Ab ST 10 stieg die Infektionsrate von Gruppe 3 an und ab ST 11 waren alle Hunde dieser Gruppe patent. Bis ST 13 waren alle Hunde dieser Gruppe behandelt und die Oozystenausscheidung ging zwei Tage nach Behandlung deutlich zurück. Vier Tage nach Behandlung war nur noch ein Hund positiv, an den Tagen danach wurden keine Oozysten mehr im Kot der Tiere gefunden.

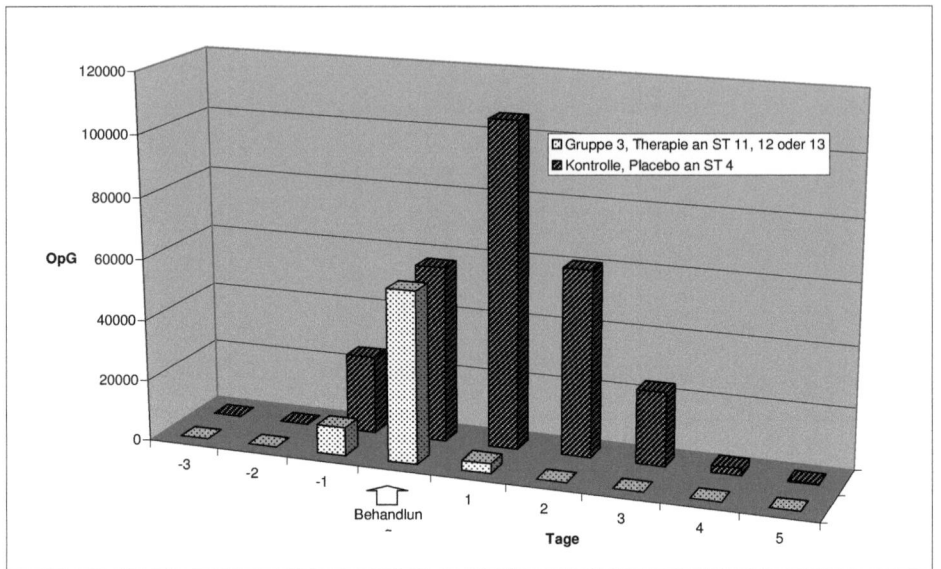

Abb. 19: Geometrischer Mittelwert OpG *I. canis*, Kontrolle und therapeutisch mit 10 mg/kg KG Toltrazuril behandelte Gruppe

Neben *I. canis*-Oozysten wurden auch Oozysten des *I. ohioensis*-Komplexes im Kot der Hunde gefunden und ebenfalls der metaphylaktische Behandlungserfolg berechnet.

I. ohioensis-Komplex

Ein Hund aus Gruppe 3 schied bereits an ST 1 wenige Oozysten (667 OpG) aus. Ansonsten wurden die ersten Oozysten des *I. ohioensis*-Komplexes an ST 5 im Kot gefunden.

An ST 6 waren bereits sieben der neun Tiere aus der Kontrollgruppe patent und schieden alle über 1000 bis zu 20 533 OpG aus. Ab ST 11 ging die *I. ohioensis*-Komplex-Ausscheidung zurück, ein Tier blieb bis ST 16 patent. Hund Nr. A6601 schied erst zu einem späteren Studienzeitpunkt zwischen ST 13 und ST 18 Oozysten des *I. ohioensis*-Komplexes aus.

Insgesamt schieden vier Hunde aus Gruppe 2 geringe Mengen Oozysten aus (67 bis 3300 OpG). Drei Hunde an ST 5 und je zwei Tiere an ST 6 und ST 11. An ST 7 konnten bei einem Hund Oozysten im Kot nachgewiesen werden (1167 OpG).

Fünf Tiere aus Gruppe 3 schieden an ST 5 Oozysten des *I. ohioensis*-Komplexes aus (400 bis 24 667 OpG). An ST 7 waren alle Tiere aus dieser Gruppe patent und schieden bis zu 47 000 OpG aus. Ab ST 10 ging die Infektion zurück, an ST 13 waren alle Hunde diese

Gruppe *I. ohioensis*-Komplex negativ.

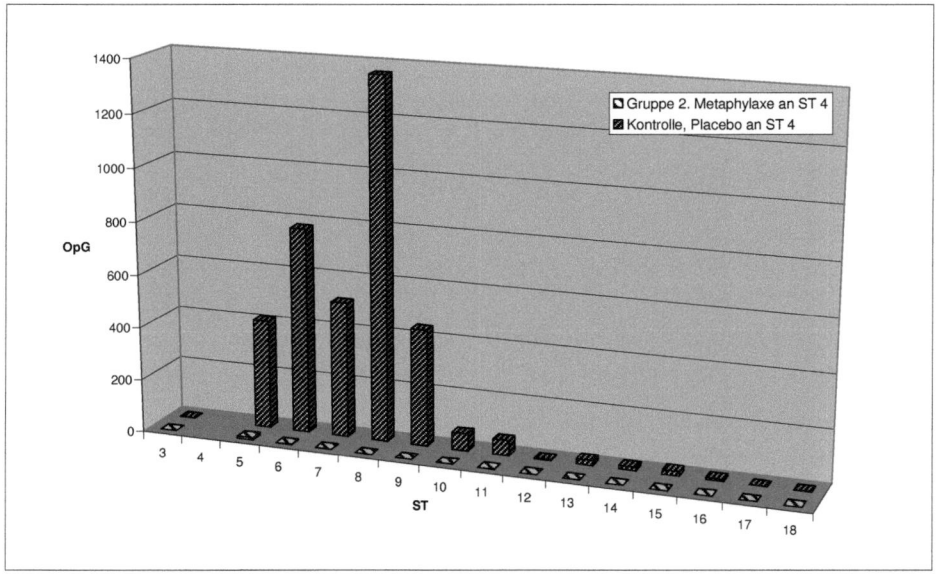

Abb. 20: Geometrischer Mittelwert OpG *I. ohioensis*-Komplex, Kontrolle und metaphylaktisch mit 10 mg/kg KG Toltrazuril behandelte Gruppe

8.5.2.4 Wirksamkeit

Es wurde die metaphylaktisch Wirksamkeit sowohl für *I. canis* als auch für *I. ohioensis*-Komplex berechnet.

Metaphylaktische Wirksamkeit gegen *I. canis*

Die *I. canis* Infektion war bei den Kontrolltieren zwischen ST 12 und ST 16 adäquat. Die Hunde aus Gruppe 2 waren signifikant weniger mit dem Parasiten belastet als die Hunde der Kontrollgruppe ($p \leq 0{,}0103$) und die Oozystenausscheidung war zwischen 99,8 % und 100 % reduziert.

Therapeutische Wirksamkeit gegen *I. canis*

Der Behandlungstag der Tiere aus Gruppe 3 und der gedachte Behandlungstag für Gruppe 1 lagen zwischen ST 11 und ST 13. Nach dem Pseudobehandlungstag wiesen die Kontrolltiere noch vier Tage lang eine adäquate Infektion auf. Die Oozystenausscheidung war an diesen vier Tagen bei den Tieren der Gruppe 3 zwischen 96,6 % und 100 % reduziert und der Kokzidienbefall signifikant geringer ($p \leq 0{,}0417$).

Metaphylaktische Wirksamkeit gegen *I. ohioensis*-Komplex

Die Kontrolltiere wiesen an ST 6 und ST 7 eine adäquate *I. ohioensis*-Komplex-Infektion auf (sechs Tiere mit mehr als 1000 OpG).

Die Oozystenreduktion für *I. ohioensis*-Komplex lag bei 99,7 % für die metaphylaktisch behandelte Gruppe. Die behandelten Tiere schieden in diesem Zeitraum signifikant weniger Oozysten aus, als die Kontrolltiere ($p \leq 0{,}0251$).

8.5.3 Diskussion

8.5.3.1 Veterinärmedizinische Untersuchung, allgemeine Gesundheitsüberwachung und Verträglichkeitsuntersuchung

Bei den Verträglichkeitsuntersuchungen an ST 11 und ST 12 kam es bei Hunden aus allen Gruppen zu Erbrechen und Durchfall. Die Tiere erbrachen ihr Futter direkt nach der Fütterung und aßen ihr Erbrochenes wieder auf. Da diese Symptomatik vor und sieben bis acht Tage nach Behandlung auftrat, ist ein Zusammenhang mit der Gabe von Toltrazuril oder der Infektion nicht festzustellen (BECKER, 1980; CONBOY, 1998; DUBEY, 1978b; JUNKER und HOUWERS, 2000; MITCHELL et al., 2007; CORLOUER und HERIPRET, 1990; HUBBARD et al., 2007; MALM, 1996).

Durchfall und blutiger Kot war ebenfalls sowohl vor als auch ein bis acht Tage nach Behandlung aufgetreten, deshalb sind diese Symptome nicht behandlungs-, sondern kokzidiosebedingt (BECKER, 1980; CONBOY, 1998; DUBEY, 1978b; JUNKER und HOUWERS, 2000; MITCHELL et al., 2007),.

Das ruhige Verhalten und die trockene Mundschleimhaut von Hund E3967 an ST 12 ist möglicherweise kokzidiosebedingt (BAEK et al., 1993; DUBEY, 1978b; NEMESÉRI, 1960; OLSON, 1985). Das Tier schied große Mengen Oozysten aus und hatte an zwei Tagen Durchfall. Ein Zusammenhang mit der Behandlung kann ausgeschlossen werden, da das Tier bereits acht Tage vor dem Auftreten der Symptomatik mit einem Placebopräparat behandelt wurde.

8.5.3.2 Körpergewichte

Die Gewichtsentwicklung der Welpen war physiologisch. Die Tiere aus Gruppe 2 nahmen deutlich mehr zu als die Welpen der anderen Gruppen. Kokzidiosebedingt kann die Futteraufnahme der Welpen am Ende der Präpatenz vermindert sein, was sowohl Kontroll- als auch Gruppe 3 betreffen würde (BAEK et al., 1993; DUBEY, 1978b; OLSON, 1985). Außerdem litten die Tiere der Gruppe 2 auch am wenigsten an Durchfall, der sich ebenfalls negativ auf die Gewichtsentwicklung auswirkt (DAY, 2005).

8.5.3.3 Kotkonsistenz

Insgesamt war bei Tieren aller Gruppen eine veränderte Kotkonsistenz zu beobachten. Bei den unbehandelten Tieren traten in dem zu erwartenden Zeitraum vermehrt Durchfälle auf, die auf die Kokzidieninfektion zurückzuführen sind (DUBEY, 1978a; DUBEY, 1978b; KIRKPATRICK und DUBEY, 1987).

Die metaphylaktische Behandlung mit Toltrazuril von Gruppe 2 linderte den klinischen Verlauf der Kokzidiose, konnte Durchfälle aber nicht vollständig verhindern. Dies wurde für *I. ohioensis*-Komplex bereits von BUEHL et al. (2006), die mit einem Toltrazuril-Metaboliten behandelten und DAUGSCHIES et al. (2000) festgestellt. Für *I. canis* publizierten REINEMEYER et al. (2007) ähnliches, allerdings behandelten sie in höherer Dosierung mit einem Toltrazuril-Metaboliten.

Die therapeutische Behandlung konnte klinische Symptome der Kokzidiose wie Durchfall und blutiger Kot nicht lindern und die Tiere aus Gruppe 3 litten sogar häufiger an blutigem Kot oder Durchfall als die Tiere der Kontrollgruppe.

8.5.3.4 OpG und Wirksamkeit

Es wurden nicht nur *I. canis*-Oozysten, sondern auch Oozysten des *I. ohioensis*-Komplexes gefunden. Die Tiere aus Gruppe 2 schieden deutlich weniger *I. ohioensis*-Komplex-Oozysten aus als die Kontrolltiere und Toltrazuril erwies sich auch bei einer Behandlung an ST 4 als äußerst wirksam, wie bereits DAUGSCHIES et al. (2000) festgestellten. Nach der Behandlung der Tiere aus Gruppe 3 konnte keine Oozyste mehr bei diesen Hunden gefunden werden, wobei weder die Kontrollgruppe noch die Tiere aus Gruppe 3 zu diesem Studienzeitpunkt noch eine adäquate *I. ohioensis*-Komplex-Infektion aufwies. Somit konnte die therapeutisch Wirksamkeit für *I. ohioensis*-Komplex nicht berechnet werden.

Die Präpatenzzeit von *I. canis* dauerte 10 bis 11 Tage (ROMMEL et al., 2000), auch wenn geringe Oozystenmengen bei wenigen Tieren bereits 8 Tage post infectionem gefunden wurden, was auch bei der Studie von BECKER (1980) aufgefallen war. Bei den an ST 1 gefundenen Oozysten handelte es sich um Darmpassagen, da diese bereits vollständig sporuliert und mit eingefallener Oozystenmembran ausgeschieden wurden (SPEER et al., 1973).

Die metaphylaktische Einmalgabe von 10 mg/kg KG Toltrazuril erwies sich auch gegen *I. canis* als äußerst wirksam und reduziert die Oozystenausscheidung signifikant. Durch die Behandlung wird nicht nur die Kontaminierung der Umwelt, sondern auch das Auftreten von Durchfall reduziert. Dies bestätigt die Ergebnisse von BUEHL et al. (2006), die Hunde allerdings mit 20 mg/kg KG Ponazuril vier Tage nach Infektion behandelten. Auch die therapeutische Behandlung reduziert die Oozystenausscheidung zwei Tage nach der Behandlung signifikant. Gleiches stellten auch REINEMEYER et al. (2007) fest, die jedoch mit höheren Dosierungen behandelten. Am Tag nach der Behandlung war im Gegensatz zu *I. ohioensis*-Komplex die Oozystenausscheidung noch nicht deutlich reduziert, was auch REINEMEYER et al. (2007) feststellten. Möglicherweise verweilte der Kot bei den meisten Tieren bis zur Defäkation noch im Darm und war mit Oozysten angereichert, wurde aber erst nach Behandlung ausgeschieden. Toltrazuril wirkt nicht gegen Oozysten, sondern gegen die intrazellulären Stadien der Kokzidien (HABERKORN und MUNDT, 1987; MEHLHORN et al., 1993).

Abschließend lässt sich sagen, dass 10 mg/kg KG Toltrazuril auch gegen *I. canis* sehr gut wirksam ist.

Durch Behandlung ist es möglich die Kontaminierung der Umwelt effektiv zu verhindern, wobei natürlich eine metaphylaktisch Behandlung effektiver ist.

8.6 Wirksamkeitsstudie 4

8.6.1 Material und Methoden

8.6.1.1 Allgemeines Studiendesign

23 Welpen wurden im Alter von zwei bis vier Wochen experimentell mit einer Mischinfektion von ca. 20 000 *I. canis*-Oozysten und ca. 11 000 Oozysten des *I. ohioensis*-Komplex infiziert. An ST 2 wurde die Kontrollgruppe mit einem Placebopräparat und Gruppe 2 metaphylaktisch mit 10 mg/kg KG Toltrazuril behandelt. Die Tiere der Gruppe 3 wurden individuell mit der gleichen Dosierung behandelt nachdem eine patente *I. canis*-Infektion (OpG ≥ 500) nachgewiesen wurde. Bei dieser Studie wurde wegen der geringen Infektionsdosis eine adäquate Infektion als OpG ≥ 500 von mindestens sechs Kontrolltieren definiert.

Tab. 22: Behandlungsschema, Dosis, Behandlungstag und gedachter Behandlungstag

Gruppe	Behandlung	Dosierung [ml/kg KG]	Dosierung Toltrazuril [mg/kg KG]	Behandlung (ST)	Anzahl Hunde
1	Kontrolle, Placebo	0,5	-	2	8
	Gedachter Behandlungstag für therapeutische Wirksamkeitsberechnung (siehe 8.3.1.7)	-	-	11	3
		-	-	12	4
		-	-	13	1
2	metaphylaktisch	0,5	10	2	8
3	therapeutisch	0,5	10	11	5
		0,5	10	12	1
		0,5	10	13	1

Kot wurde einen Tag vor der Infektion und täglich von ST 4 bis ST 20 gesammelt. Für die therapeutische Wirksamkeit gegen *I. ohioensis*-Komplex wurden die gleichen gedachten Behandlungstage der Kontrollgruppe herangezogen als für die Therapie gegen *I. canis*.

8.6.2 Ergebnisse

8.6.2.1 Veterinärmedizinische Untersuchung, allgemeine Gesundheitsüberwachung und Verträglichkeitsuntersuchung

Alle Tier konnten in die Studie eingeschlossen werden und kein Hund entwickelte schwere gesundheitliche Probleme während der Studie.

Bei der Veterinärmedizinischen Untersuchung an ST -1 hatte ein Welpe (Gruppe 1) trockene Mundschleimhäute und bei einem Anderen (Gruppe 3) wurde an ST 4 Vomitus nach dem Fressen festgestellt.

Tab. 23: Befunde bei den Verträglichkeitsuntersuchungen vor Behandlung

Gruppe	Behandlung an ST	Tier Nr.	Befund	Festgestellt an ST	Zeitpunkt relativ zur Behandlung
1	2 (Placebo)	C0286	trockene Mundschleimhaut	-1	vorher
3	12	C2168	Erbrechen	4	
	12	D4994	dünn	-1	

Ein Hund aus Gruppe 2 wurde bei der veterinärmedizinischen Untersuchung an ST 11 als dünn beschrieben und bei einem Welpe aus Gruppe 3 fiel auf, dass er an ST 14 kein Feuchtfutter fraß, es wurde aber beobachtet, dass er an der Mutter saugte.

Ein anderer Hund (D4994, Gruppe 3) wurde bei der veterinärmedizinischen Untersuchung an ST -1 und ST 11 als dünn beschrieben. Bei den Verträglichkeitsuntersuchungen an ST 11 (vier und acht Stunden nach Behandlung) fiel er durch Lethargie auf und wurde einem Veterinär vorgestellt, der aber außer geringem Gewicht und schlechtem Allgemeinbefinden nichts feststellen konnte und auch keine zusätzliche Medikation veranlasste. An ST 12 und 13 wurde beobachtet, dass dieser Hund kein Feuchtfutter fraß, aber Muttermilch saugte, an ST 14 wurde dokumentiert, dass er zwar etwas Interesse an Feuchtfutter zeigte aber nicht viel fraß.

Tab. 24: Befunde bei den Verträglichkeitsuntersuchungen nach Behandlung

Gruppe	Behandlung an ST	Tier Nr.	Befund	Festgestellt an ST	Zeitpunkt relativ zur Behandlung
2	2	A9210	dünn	11	+ 9 Tage
3	11	A2530	keine Feuchtfutteraufnahme, saugt aber	14	+ 3 Tage
	12	C0926	weicher Kot	13	+ 1 Tag
	11	D4994	Lethargisch, dünn	11	+ 4 und + 8 Stunden
			keine Feuchtfutteraufnahme, saugt aber	12,13	+ 1 und + 2 Tage
			geringe Feuchtfutteraufnahme	14	+ 3 Tage

Bei den Verträglichkeitsuntersuchungen an ST 11 fiel für Wurf B Durchfall zwei Stunden und weicher Kot vier Stunden nach Behandlung auf. Wurf D zeigte Durchfall drei Stunden nach Behandlung. An ST 13 wurde für Wurf C eine halbe Stunde nach Behandlung Kotkonsistenzen von Durchfall bis trocken und nach acht Stunden weicher und trockener Kot festgestellt.

8.6.2.2 Körpergewichte

Die Welpen waren an ST -1 zwischen 0,8 und 1,4 kg schwer. Die Kontrolltiere (Gruppe 1) nahmen im Schnitt 1210 g zu, die metaphylaktisch behandelten Tiere (Gruppe 2) um 1310 g und die Welpen der Gruppe 3 (therapeutische Behandlung) um 1060 g. Keine signifikanten Unterschiede konnten zwischen den Gruppen in der Gewichtsentwicklung festgestellt werden (p ≥ 0,30)

Bei einem Tier aus Gruppe 1 und zwei Tieren aus Gruppe 3 stagnierte die Gewichtsentwicklung zwischen ST -1 und ST 2 und zwei Tiere aus Gruppe 1 nahmen zwischen ST 6 und ST 13 nicht zu.

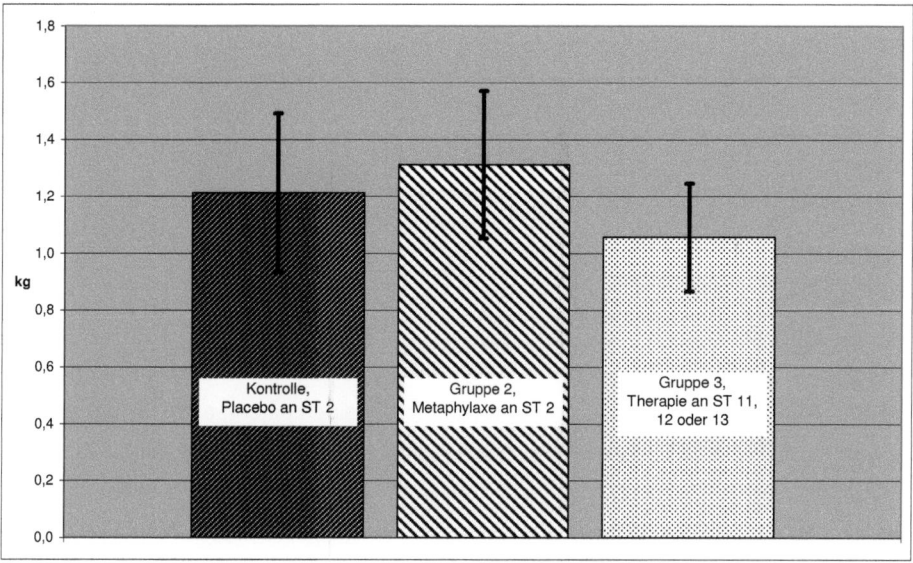

Abb. 21: Gewichtszunahme, arithmetisches Mittel aller Gruppen mit Standardabweichung

8.6.2.3 Koproskopische Befunde

8.6.2.3.1 Kotkonsistenz

Einen Tag vor Infektion hatte ein Hund aus Gruppe 2 Durchfall, danach wurden zwischen ST 7 und ST 20 Veränderungen in der Kotkonsistenz festgestellt (siehe Tabelle). An ST 17 und ST 18 konnten keine auffälligen Befunde dokumentiert werden. Bei den Hunden aus Gruppe 2 wiesen 16,3 %, bei den Tieren der Kontrollgruppe 31,7 % und bei den therapeutisch behandelten Tieren 29,7 % der Proben Konsistenzveränderungen auf. Die Signifikanzanalyse ergab p = 0,051 für Gruppe 2 gegenüber der Kontrollgruppe und p = 0,91 für Gruppe 3 gegenüber der Kontrollgruppe.

Tab. 25: Veränderungen der Kotkonsistenz zwischen ST 7 und ST 20

Gruppe	Anzahl Proben mit Konsistenz-veränderung [%]	davon			
		normaler Kot mit Blut [%]	Durchfall [%]	wässriger Durchfall [%]	Blutig-wässriger Durchfall [%]
1	31,7	9	79	12	-
2	16,3	-	88	12	-
3	29,7	-	93	-	7

8.6.2.3.2 OpG

I. ohioensis-Komplex

Bei Gruppe 1 wurden an ST 4 geringe Mengen Oozysten bei drei Tieren im Kot nachgewiesen (≤ 400 OpG). An ST 5 waren sieben der acht Welpen patent, an ST 6 und ST 7 alle. Zwischen ST 8 und ST 13 schieden immer sechs bis sieben Tiere Oozysten aus (50 bis 27 300 OpG). Ab ST 14 ging die Infektion bei vier Tieren zurück, die anderen schieden teilweise noch erhebliche Mengen Oozysten bis Studienende an ST 20 aus (≤ 70 000 OpG).

Ein Hund aus Gruppe 2 (B8077) schied keine *I. ohioensis*-Komplex-Oozysten während der gesamten Studie aus. Bei allen anderen Hunden wurden an maximal drei Tagen zwischen ST 4 und ST 20 Oozysten im Kot gefunden. Die Oozystenausscheidung war über den ganzen Zeitraum gering (50 bis 8100 OpG). Maximal waren vier Tiere am gleichen Tag patent.

Wirksamkeitsstudien

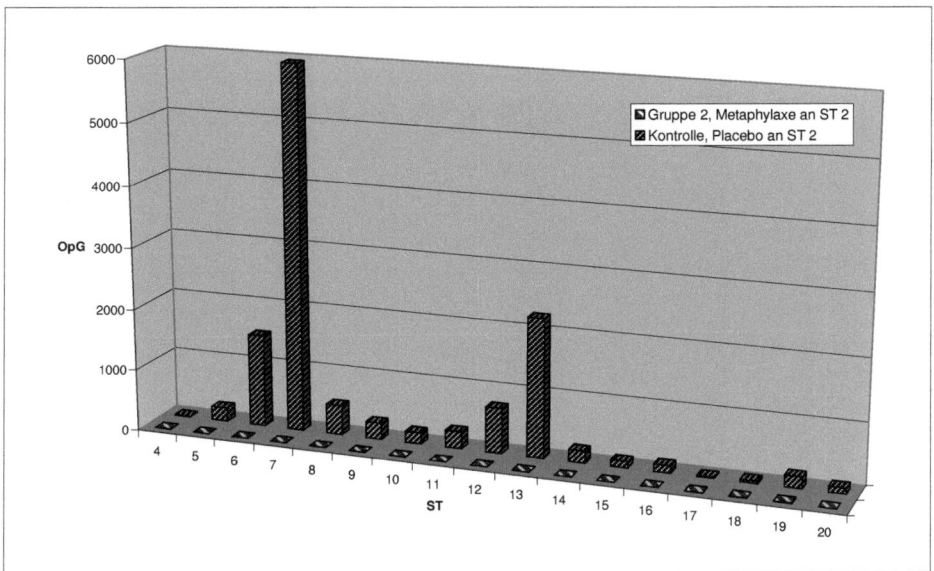

Abb. 22: Geometrischer Mittelwert OpG *I. ohioensis*-Komplex, Kontrolle und metaphylaktisch mit 10 mg/kg KG Toltrazuril behandelte Gruppe

An den ST 4 und 5 schieden zwei bzw. drei Tiere aus Gruppe 3 wenige Oozysten aus (≤ 700 OpG). Von ST 6 bis ST 11 waren immer mindestens sechs der sieben Hunde patent und schieden zwischen 100 und 50 300 OpG aus. Ab ST 12 ging die Infektion zurück, an ST 13 schied ein Hund aus Gruppe 3 noch 24 800 OpG aus, ab ST 14 wurden nur noch sporadisch Oozysten ausgeschieden (OpG ≤ 500 pro Tag und Hund).

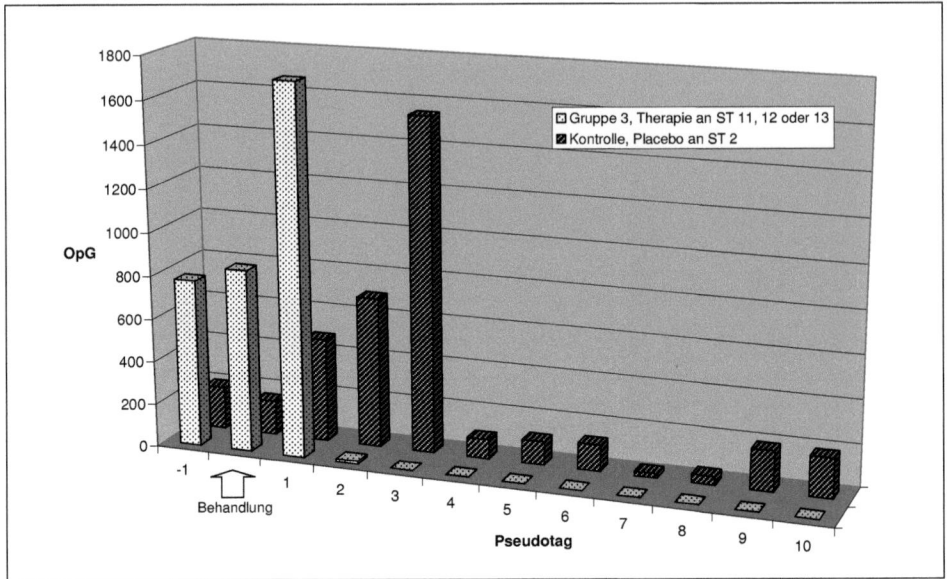

Abb. 23: Geometrischer Mittelwert OpG *I. ohioensis*-Komplex, Kontrolle und therapeutisch mit 10 mg/kg KG Toltrazuril behandelte Gruppe

I. canis

Ein Tier aus der Kontrollgruppe (A9552) schied an ST 9 bereits 50 OpG aus. An ST 10 waren fünf Tiere patent und zwischen ST 11 und ST 16 schieden alle Hunde aus dieser Gruppe Oozysten aus (100 bis 368 000 OpG). An ST 17 (B7902) und ST 19 (C3869) war jeweils ein Hund negativ, die Oozystenausscheidung ging an ST 20 deutlich zurück.

An ST 10 wurden bei einem Tier aus Gruppe 2 (B7086) 700 OpG gefunden. An ST 11, 12 und 13 waren drei bis fünf Hunde aus dieser Gruppe patent. Zwischen ST 14 und ST 18 schieden mindesten sechs der acht Welpen Oozysten aus (50 bis 50 500 OpG). Ab ST 19 ging die Infektion zurück.

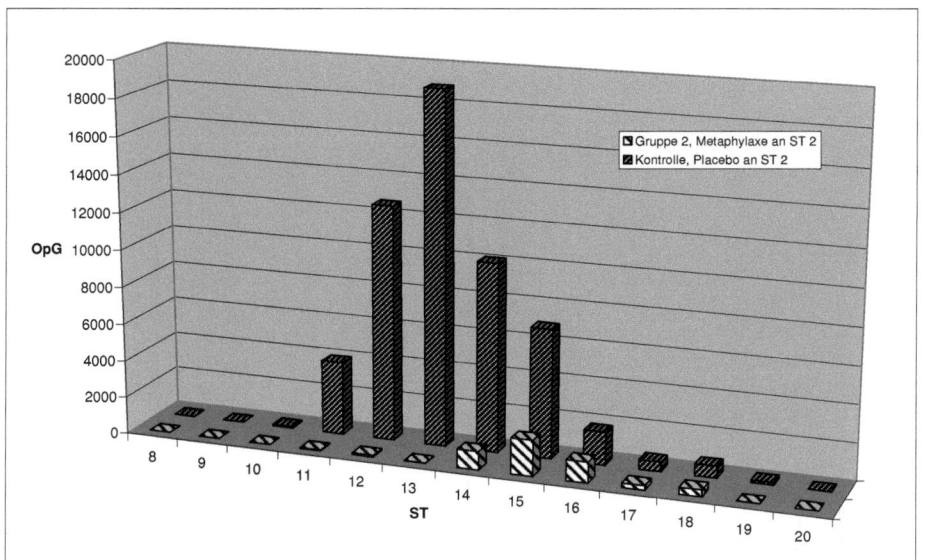

Abb. 24: Geometrischer Mittelwert OpG *I. canis*, Kontrolle und metaphylaktisch mit 10 mg/kg KG Toltrazuril behandelte Gruppe

Bei zwei Hunden aus Gruppe 3 wurden an ST 9 wenige Oozysten im Kot gefunden (50 und 150 OpG). Zwischen ST 10 und ST 14 waren mindestens sechs der sieben Welpen aus dieser Gruppe patent (50 bis 410 000 OpG) und die Tiere wurden zwischen ST 11 und ST 13 behandelt. Ab ST 15 ging die Infektion zurück, an ST 18 und ST 19 schieden noch zwei Tiere geringe Mengen Oozysten aus, an ST 20 waren alle Tiere dieser Gruppe negativ.

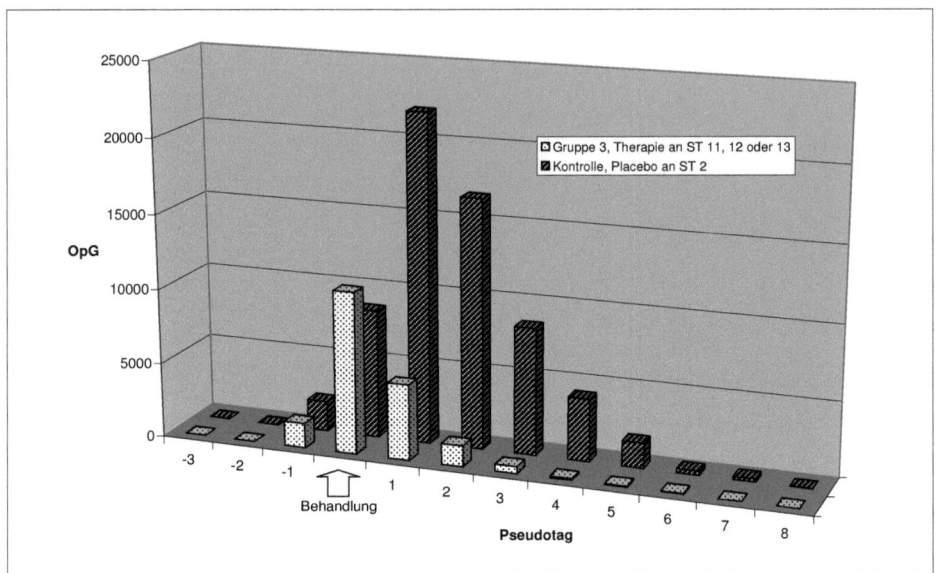

Abb. 25: Geometrischer Mittelwert OpG *I. canis*, Kontrolle und therapeutisch mit 10 mg/kg KG Toltrazuril behandelte Gruppe

8.6.2.4 Wirksamkeit

Metaphylaktische Wirksamkeit gegen *I. ohioensis*-Komplex

Die Kontrollgruppe wies zwischen ST 6 und ST 8 und an ST 12 und ST 13 eine adäquate Infektion auf (mindestens sechs Tiere mehr als 500 OpG).

Die Oozystenreduktion innerhalb dieses Zeitraums bei Gruppe 2 betrug zwischen 99,8 und 100 %. Die Tier aus Gruppe 2 schieden signifikant weniger Oozysten aus ($p \leq 0,0026$)

Therapeutische Wirksamkeit gegen *I. ohioensis*-Komplex

Die Kontrollgruppe wies einen bis drei Tage nach dem gedachten Behandlungstag eine adäquate Infektion auf (mindestens sechs Tiere mehr als 500 OpG).

Einen Tag nach Behandlung konnte noch keine Oozystenreduktion festgestellt werden, zwei und drei Tage nach Behandlung lag sie bei 98,2 % und 100 %, die Oozystenausscheidung der behandelten Tiere war zwei Tage nach Behandlung signifikant geringer als bei den unbehandelten ($p = 0,0014$)

Metaphylaktische Wirksamkeit gegen *I. canis*

Die Kontrolltiere hatten zwischen ST 11 und ST 17 eine adäquate *I. canis*-Infektion. Die Oozystenreduktion betrug bei Gruppe 2 an den ST 11 bis 13 zwischen 99,0 % und 99,9%. An ST 14 war die Reduktion der Oozystenausscheidung noch 90,2 %, danach sank sie unter 73 % ab. An ST 11, 12 und 13 schieden die behandelten Tiere signifikant weniger

Oozysten aus (p ≤ 0,015), von ST 14 bis ST 17 unterscheidet sich die Oozystenausscheidung beider Gruppen nicht mehr signifikant (0,083 ≤ p ≤ 0,90).

Therapeutische Wirksamkeit gegen *I. canis*

Die Behandlungstage der Tiere aus Gruppe 3 und die gedachten Behandlungstage der Kontrolltiere lagen zwischen ST 10 und ST 13.

Nach dem Pseudobehandlungstag wiesen die Kontrolltiere noch fünf Tage lang eine adäquate Infektion auf. Einen Tag nach Behandlung konnte eine Oozystenreduktion bei Gruppe 3 von 77,0 % festgestellt werden, zwei Tage nach Behandlung schieden die Tiere dieser Gruppe 91,5 % weniger Oozysten aus. An den drei darauffolgenden Tagen lag die Oozystenreduktion zwischen 94,5 und 97,6 %. Die Oozystenausscheidung der behandelten Tiere war aber nicht signifikant geringer als die der Kontrolltiere (0,12 ≤ p ≤ 0,61).

8.6.3 Diskussion

8.6.3.1 Veterinärmedizinische Untersuchung, allgemeine Gesundheitsüberwachung und Verträglichkeitsuntersuchung

Die an ST -1 festgestellte trockene Mundschleimhaut und die dünne Körperkondition können weder behandlungs- noch kokzidiosebedingt sein, da sie vor der Infektion bzw. Behandlung festgestellt wurde. Ein Hund aus Gruppe 3 erbrach sein Futter an ST 4. Dieser Befund kann weder kokzidiose- noch behandlungsbedingt sein (BECKER, 1980; CONBOY, 1998; DUBEY, 1978b; JUNKER und HOUWERS, 2000; MITCHELL et al., 2007). Ein Hund aus Gruppe 3 fraß drei Tage nach Behandlung schlecht. Das Tier hatte weder Durchfall noch war es sonst auffällig. Ein Zusammenhang mit der Behandlung oder Infektion ist nicht erkennbar, vielmehr ist die Futterakzeptanz nicht an allen Tagen gleich (SCHROEDER und SMITH, 1995). Auch wenn verminderte Futteraufnahme zu den typischen Symptomen der Kokzidiose gehören (CONBOY, 1998; DUBEY, 1978b; JUNKER und HOUWERS, 2000; MITCHELL et al., 2007).

Am Behandlungstag zeigte ein Hund aus Gruppe 3 vier und acht Stunden nach Behandlung lethargisches Verhalten, an den darauffolgenden Tagen verweigerte er das Futter. An ST 14 besserte sich sein Zustand. Ein Zusammenhang mit der Behandlung ist nicht erkennbar, zumal das Tier auch schon vorher durch dünne Körperkondition aufgefallen ist. Dieser Hund schied ab ST 11 große Mengen Oozysten aus und hatte fünf Tage lang Durchfall. Es ist davon auszugehen, dass die Symptome kokzidiosebedingt sind (BECKER, 1980; CONBOY, 1998; DUBEY, 1978b; JUNKER und HOUWERS, 2000; MITCHELL et al., 2007; OLSON, 1985). An den ST 11 und 13 wurden für die Würfe B, C und D Durchfall oder weicher Kot festgestellt. Da die Tiere allen Gruppen angehörten, kann nicht von einer behandlungsbedingter Störung ausgegangen werden. Möglicherweise war der Durchfall kokzidiosebedingt (BECKER, 1980; CONBOY, 1998; DUBEY, 1978b; JUNKER und HOUWERS, 2000; MITCHELL et al., 2007; OLSON, 1985).

8.6.3.2 Körpergewichte

Alle Tiere nahmen an Gewicht zu und die Gewichtsentwicklung war physiologisch. Die Tiere der Gruppe 2 nahmen am meisten zu, die Tiere der Kontroll- und Gruppe 3 weniger. Dies ist möglicherweise auf die parasitäre Infektion zurückzuführen, auch wenn die Klinik der Infektion nicht ausreichte um signifikante Unterschiede festzustellen (BECKER, 1980; CONBOY, 1998; DUBEY, 1978b; JUNKER und HOUWERS, 2000; MITCHELL et al., 2007; OLSON, 1985).

8.6.3.3 Kotkonsistenz

Alle Tiere der Kontrollgruppe und Gruppe 3 hatten an mindestens einem Tag, teilweise auch vier Tage hintereinander Durchfall hatten. Bei der metaphylaktisch behandelten Gruppe trat weniger Durchfall auf, auch hier half Toltrazuril die Kokzidiose zu lindern. Insgesamt waren bei dieser Studie trotz geringer Infektionsdosis die klinischen Symptome am deutlichsten ausgeprägt und Durchfall am häufigsten. Gleiches stellte auch BECKER (1980) fest, die eine Mischinfektion am pathogensten beschrieb.

Auch hier zeigt sich die Tendenz, dass die Tiere der Gruppe 2 weniger an Durchfall litten als die Tiere der Kontrollgruppe. Die therapeutische Behandlung wirkte sich nicht positiv auf die Kotkonsistenz aus. Auch bei dieser Studie milderte die metaphylaktische Behandlung mit Toltrazuril den klinischen Verlauf der Kokzidiose (BUEHL et al., 2006; DAUGSCHIES et al., 2000; REINEMEYER et al., 2007).

8.6.3.4 OpG und Wirksamkeit

I. ohioensis

Bei dieser Studie wurden ebenfalls bereits vor der experimentellen Infektion *I. ohioensis*-Komplex-Oozysten im Kot nachgewiesen und die Tiere waren vermutlich natürlich infiziert. Die Präpatenzzeit der experimentellen Infektion dauerte fünf bis sechs Tage und die Patenzzeit betrug 8 bis 15 Tage, was den Angaben von ROMMEL et al. (2000) entspricht. Auch hier erwies sich ähnlich wie in Wirksamkeitsstudie 3 die metaphylaktische und therapeutische Behandlung mit 10 mg/kg KG Toltrazuril als wirksam, wie bereits von DAUGSCHIES et al. (2000) festgestellt wurde und verringert somit die Kontaminierung der Umwelt.

I. canis

Die Präpatenzzeit betrug zehn bis elf Tage und die Patenz sieben bis elf Tage, was nach ROMMEL et al. (2000) und MITCHELL et al. (2007) einem normalen Infektionsverlauf entspricht.

Die Oozystenreduktion bei den metaphylaktisch behandelten Tieren war zunächst zwischen ST 11 und ST 13 hoch, dann ging die Wirksamkeit jedoch deutlich zurück. Dies könnte am frühen Behandlungszeitpunkt (ST 2) liegen. Nach nicht veröffentlichten Studien (Dr. Klemens Krieger, persönliche Mitteilung) stellte sich das gleiche Problem bei Rindereimerien dar. In Problembetrieben wurden Rinder zu unterschiedlichen Zeitpunkten der Präpatenz behandelt und je nach Behandlungszeitpunk wirkt Toltrazuril sehr gut oder kaum gegen Kälberkokzidiose.

Die therapeutische Behandlung reduzierte die *I. canis*-Ausscheidung ebenfalls. Jedoch schieden zwei Tiere bis zu fünf Tage nach der Behandlung noch Oozystenmengen im fünfstelligen Bereich aus. Warum bei diesen Tieren die therapeutische Behandlung gegen *I. canis* nicht ausreichend wirkte, ist schwer zu interpretieren. Eventuell waren diese Tiere empfänglicher für Kokzidien als die in vorherigen Versuchen verwendeten Tiere.

Insgesamt war die Wirksamkeit von Toltrazuril in dieser Studie nicht so überzeugend wie in den anderen Studien. Das könnte an der Mischinfektion liegen, die von BECKER (1980) als am pathogensten beschrieben wird. Da die Tiere sowohl Oozysten des *I. ohioensis*-Komplex als auch *I. canis* ausschieden musste Toltrazuril gegen verschiedene Spezies wirken, was möglicherweise die Wirksamkeit etwas einschränkte. Außerdem wurden die behandelten Tiere mit den Tieren der Kontrollgruppe gemeinsam im Zwinger gehalten, was zu einem enormen Infektionsdruck führt. Ebenfalls können auch *Isospora*-Oozysten als Darmpassagen in den Kot von behandelten Tieren gelangen, wie von DUBEY (2009) für Eimerien beschrieben. Ob eine noch geringere Dosis noch ausreichend Wirksamkeit sein würde ist nicht abschließend geklärt, erscheint jedoch fragwürdig. Eine höhere Dosis ist ebenfalls nicht nötig, da die Wirksamkeit noch ausreichend war und die Kontaminierung der Umwelt weitestgehend verhindert wurde. Außerdem muss man davon ausgehen, dass der Infektionsdruck bei einer experimentellen Infektion auch um ein vielfaches höher ist als bei einer natürlichen Infektion (BUEHL et al., 2006).

8.7 Zusammenfassung Wirksamkeitsstudien

Ein eindeutiger Zusammenhang zwischen Gewichtsentwicklung und Kokzidiose konnte nicht festgestellt werden. Dazu verlief wahrscheinlich die Infektion der Kontrolltiere zu mild.

Sowohl therapeutisch als auch metaphylaktisch wirken 10 mg/kg KG Toltrazuril gegen *Isospora* spp. beim Hund. Eine metaphylaktische Behandlung ist in der Praxis natürlich schwierig, da der genaue Infektions- Zeitpunkt nicht bekannt ist. Man kann aber durch Kotuntersuchungen den Beginn der Patenz ermitteln und somit Rückschlüsse auf das Infektionsgeschehen ziehen. In der großbetrieblichen Hundezucht sollte so metaphylaktisch behandelt werden. Sicherheitshalber ist eine Nachbehandlung alle 14 Tage zu empfehlen, damit sich die Tiere nicht ständig an der kontaminierten Umwelt reinfizieren, vor allem wenn der genaue Infektionszeitpunkt nicht bekannt ist, wie Wirksamkeitsstudie 4 verdeutlichte. Da die metaphylaktische Behandlung die Schwere der Klinik mildert, müsste auch nicht noch zusätzlich symptomatisch gegen Durchfall behandelt werden.

Bei bereits erkrankten Tieren, die einem Tierarzt vorgestellt werden, reduziert auch die einmalige Behandlung die Oozystenausscheidung. Jedoch haben die Studien gezeigt, dass die Therapie die Symptome nicht lindert. Somit sollten neben Toltrazuril auch noch Präparate zur Durchfallbekämpfung gegeben werden, wozu auch schon BOCH et al. (1981) und GASS (1971 und 1978) rieten.

Eine Behandlung von 10 mg/kg KG täglich über mehrere Tage wie von ECKERT et al. (2000) empfohlen erscheint nicht sinnvoll, da Toltrazuril auch nach Einmalgabe ausreichend wirksam ist.

Die Behandlung mit der Suspension (Sonnenblumenöl als Lösungsmittel) wurde sehr gut vertragen. Es konnten keine Nebenwirkungen festgestellt werden, die direkt mit der Behandlung der Tiere in Verbindung gebracht werden konnten. Außerdem wurde die Suspension von den Welpen sehr gut akzeptiert und bereitwillig aufgenommen, was das Verabreichen des Medikaments extrem erleichtert.

Die einmalige Behandlung mit 10 mg/kg KG Toltrazuril reduziert die Kontaminierung der Umwelt mit *Isospora*-Oozysten, kann sie aber nicht vollständig verhindern. Eine metaphylaktische Behandlung wäre natürlich am effektivsten, ist aber in der Praxis schwer Umzusetzen, da der genaue Infektionstermin unbekannt ist. Werden bereits Oozysten ausgeschieden, so sollte auf jeden Fall sofort behandelt werden um eine weitere Kontaminierung der Umgebung zu verhindern. Zusätzlich sollten alle weiteren Tiere die mit dem Oozystenausscheider oder seinem Kot in Kontakt gekommen sind ebenfalls behandelt werden. Sonst infizieren sich diese Hunde wiederum und scheiden nach der Präpatenz ebenfalls Oozysten aus und kontaminieren somit die Umwelt.

9 Desinfektionsmittelversuch

9.1 Material und Methoden

In diesem in-vitro-Versuch wurden 30 Wells einer Mikrotiterplatte mit je 1000 µl Oozystensuspension befüllt. In zehn Wells wurde das Desinfektionsmittel Neopredisan® in einer Endkonzentration von 4 % zugegeben. In zehn weitere Wells wurde Remedor® (ein neues Desinfektionsmittel) in gleicher Konzentration gegeben. Zehn Wells dienten als Kontrolle und es wurde Wasser anstatt Desinfektionsmittel zugegeben.

Tab. 26: Zusammensetzung der Lösungen in den Wells

Gruppe	Anzahl Wells	Desinfektionsmittel	Oozystensuspension [µl]	Desinfektionsmittel [%]	Desinfektionsmittel [µl]	Wasser [µl]
1	10	Neopredisan®	1000	4	44	66
2	10	Remedor®	1000	4	44	66
3	10	-	1000	-	-	100

Nach ein, zwei, vier, sechs und acht Stunden wurden von jeder Gruppe zwei Wells ausgezählt. Dazu wurden je 20 µl des Wellinhaltes in eine mit Kochsalzlösung gefüllte McMasterkammer hinzupipettiert und die Anzahl der Oozysten ausgezählt.

Die Oozystenreduktion wurde wie folgt berechnet:

% Reduktion = (N2-N1) /N2 X 100
N1 = Geometrisches Mittel der gezählten Oozysten der Wells mit Desinfektionsmittel
N2 = Geometrisches Mittel der gezählten Oozysten der Kontrollwells

9.2 Ergebnisse

Die Oozystenkultur enthielt sowohl Oozysten des *I. ohioensis*-Komplex als auch *I. canis*-Oozysten. In den Kontrollwells wurden über den gesamten Studienzeitraum zwischen 142 und 310 *I. canis*-Oozysten und zwischen 67 und 227 *I. ohioensis*-Komplex-Oozysten gezählt.

Bereits nach einer Stunde waren in den mit Desinfektionsmittel behandelten Wells deutlich weniger Oozysten (≤ 51 *I. canis* und ≤ 21 *I. ohioensis*-Komplex). Nach sechs Stunden konnte nur noch weniger als zwölf *I. canis* und weniger als fünf *I. ohioensis*-Komplex-Oozysten in den Wells mit Desinfektionsmittel nachgewiesen werden, jedoch waren sehr viele Oozystenbruchstücke erkennbar.

Tab. 27: Reduktion der Oozystenanzahl durch die Desinfektionsmittel (*I. ohio* = *I. ohioensis*-Komplex)

Zeit	Art	Mittel gezählter Oozysten			Oozystenreduktion %	
		Kontrolle	Neopredisan®	Remedor®	Neopredisan®	Remedor®
1h	*I. canis*	191	47	28	76,3	86,0
	I. ohio	152	15	12	89,8	92,0
2h	*I. canis*	190	36	27	81,0	85,9
	I. ohio	138	13	11	90,3	92,2
4h	*I. canis*	222	15	17	94,3	93,6
	I. ohio	175	4	3	97,9	98,5
6h	*I. canis*	164	3	7	98,4	95,7
	I. ohio	101	1	5	99,3	94,8
8h	*I. canis*	168	7	10	95,9	94,6
	I. ohio	97	2	4	97,9	96,0

9.3 Diskussion

Die Anzahl der Oozysten in den nicht behandelten Wells schwankte, aber ging über die Zeit nicht deutlich zurück. Neopredisan® und Remedor® wirkten gut gegen die *Isospora* spp.-Oozysten, eine Wirksamkeit von über 90 % konnte ab einer Einwirkzeit von vier Stunden erreicht werden.. Durch den Kontakt mit dem Desinfektionsmittel lysierten die Oozysten, was auch DAUGSCHIES et al. (2002) feststellten. Mit dieser Studie konnte gezeigt werden, dass beide Desinfektionsmittel auch gut gegen Hundekokzidien wirken. Dies wurde bereits für *I. suis* und *Eimeria tenella* beschrieben, wobei jedoch die Infektiösität der behandelten Oozysten getestet wurde (DAUGSCHIES et al., 2002; STRABERG und DAUGSCHIES, 2007). Es ist zu vermuten, dass in der Praxis eine Desinfektion den Infektionsdruck allenfalls lindern kann, die Kokzidien aber nicht ausrotten wird. Außerdem ist es in Zwingeranlagen nahezu unmöglich alle kontaminierten Flächen mir dem Desinfektionsmittel in Berührung zu bringen. Das ist auch in der Versuchseinrichtung zu Beobachten, in der es trotz regelmäßiger Desinfektion mit Neopredisan® immer wieder zu natürlichen Infektionen kommt.

10 Zusammenfassung

In dieser Arbeit sollte die Möglichkeit der Verhinderung und Bekämpfung der Kontaminierung der Umwelt mit *Isospora*-Oozysten diskutiert werden. Dazu wurde die Wirksamkeit und Verträglichkeit einer neuen kokzidioziden Welpensuspension und die Möglichkeit der Desinfektion überprüft.

Zunächst wurde ein Infektionsmodell etabliert. Dann wurde die Verträglichkeit verschiedener Suspensionen und schließlich die Wirksamkeit einer Suspension überprüft. Des Weiteren wurde die Möglichkeit der Desinfektion von mit *Isospora* spp. kontaminierter Umwelt in einem in-vitro-Versuch getestet.

Zur Etablierung des Infektionsmodells wurden insgesamt 59 Hunde aus zwei Altersgruppen (vor- oder nach dem Absetzen) mit unterschiedlicher Anzahl an *I. ohioensis*-Komplex-Oozysten oder *I. canis*-Oozysten infiziert. Sechs weitere Welpen wurden mit einer Mischkultur infiziert. Die Infektion sollte deutliche, aber nicht zu schwere klinische Symptome hervorrufen und einen typischen Infektionsverlauf mit klarer Präpatenz und Patenz und deutliche Oozystenausscheidung zeigen. Der Infektionserfolg wurde anhand der ausgeschiedenen Oozystenmenge und der Kotkonsistenz überprüft.

Die Verträglichkeit der Suspension wurde an insgesamt 71 Hunden untersucht. Hierzu wurden die Hunde mit verschiedenen Suspensionen unterschiedlicher Lösungsmittel (Miglyol und Sonneblumenöl) mit therapeutischer, sowie drei- und fünffacher Überdosierungen behandelt und danach auf das Auftreten von Nebenwirkungen beobachtet.

Zur Überprüfung der Wirksamkeit wurden insgesamt 100 Welpen mit *I. ohioensis*-Komplex-Oozysten oder *I. canis*-Oozysten oder einer Mischkultur experimentell infiziert. Die Suspension wurde in zwei Dosierungen (20 oder 10 mg/kg KG Toltrazuril) und zu unterschiedlichen Behandlungszeitpunkten (während der Präpatenz und während der Patenz) einmalig oder alle 2 Wochen verabreicht. Wirksamkeitskriterium war die Oozystenausscheidung der behandelten Gruppen gegenüber einer placebo- oder unbehandelten Kontrollgruppe.

Die Wirksamkeit zweier Desinfektionsmittel (Neopredisan® und Remedor®) wurde gegen *Isospora*-Oozysten in einem in-vitro-Versuch überprüft.

Eine Infektionsdosis von 80 000 *I. ohioensis*-Komplex-Oozysten oder 60 000 *I. canis*-Oozysten bzw. eine Mischinfektion mit 11 000 *I. ohioensis*-Komplex-Oozysten und 20 000 *I. canis*-Oozysten bei Welpen vor dem Absetzen ergab den leicht klinischen Verlauf und eine adäquate Anzahl ausgeschiedener Oozysten. Hunde, denen man nach dem Absetzen Kokzidien inokulierte, entwickelten keinen typischen Infektionsverlauf.

Viele Hunde schieden bereits vor Infektion Oozysten aus, was auf eine natürliche Infektion schließen lässt, die bei Welpen vor dem Absetzen den Verlauf der experimentellen Infektion nicht merklich beeinflusste. Bei allen Infektionsversuchen mit *I. canis* wurden auch Oozysten des *I. ohioensis*-Komplexes ausgeschieden, was jedoch ebenfalls keinen Einfluss auf den Verlauf der *I. canis*-Infektion hatte.

Die Suspension auf Sonnenblumenölbasis wurde sehr gut vertragen und von den Tieren gut akzeptiert. Wurde als Lösungsmittel Miglyol verwendet verursacht sie Erbrechen.

Sowohl therapeutisch als auch metaphylaktisch wirkten 10 mg/kg KG Toltrazuril gegen *Isospora* spp. und reduzierten die Oozystenausscheidung signifikant und somit die Kontaminierung der Umwelt. Außerdem linderten die metaphylaktischen Behandlungen die Symptomatik. Ein Behandlungsschema wie bisher empfohlen über mehrere Tage (ECKERT et al., 2000) war nicht erforderlich und erscheint nicht sinnvoll. Vielmehr sollte in Betrieben mit Kokzidioseproblematik alle 14 Tage nachbehandelt werden.

Um die Kontaminierung der Umwelt mit *Isospora*-Oozysten zu verhindern sollten Welpen am besten während der Präpatenz mit der kokziozoziden Suspension auf Sonnenblumenölbasis behandelt werden. In Grossbetrieben empfiehlt sich eine Behandlung alle 14 Tage ab den ersten Lebenswochen aller Welpen. Nur so kann sichergestellt werden, dass nur noch wenige Oozysten in die Umgebung gelangen. Werden in einem Grossbetrieb von einigen Hunden bereits Oozysten ausgeschieden müssten sofort die betreffende Tiere und deren Zwingergenossen und sicherheitshalber auch die Tiere der Nachbarzwinger behandelt werden. Außerdem empfiehlt sich eine unmittelbare Desinfektion der Anlage mit Neopredisan® oder Remedor®.

Jedoch werden diese Maßnahmen nach persönlicher Erfahrung in Großbetrieben die Kokzidien nicht ausrotten, sondern können nur helfen, schwerer Kokzidiose vorzubeugen und den Infektionsdruck gering zu halten.

In der kleingewerblichen Hundezucht mit nur ein bis zwei Würfen im Jahr ist die Kokzidioseproblematik erfahrungsgemäß nicht so groß. Zwar ist ein Großteil der Tiere infiziert und scheidet Oozysten aus, jedoch verläuft die Infektion weitgehend subklinisch. Deshalb empfiehlt sich eine Behandlung erst, wenn es Fälle von klinischer Kokzidiose gegeben hat, um eine Infektion der nachfolgenden Generationen zu verhindern.

Bei Wildkarnivoren treten kaum Fälle von klinischer Kokzidiose auf und somit ist eine Behandlung nicht erforderlich, obwohl sich Toltrazuril vermutlich auch als wirksam gegen *Isospora*-Arten in Wildtieren erweisen würde.

11 Summary

Prevention and control of the contamination of the environment with oocysts of *Isospora* spp. (Apikomplexa, Coccidia);
Efficacy and safety of a new coccidiocide puppy suspension and the potential of disinfection.

These investigations tested the prospect of prevention and control of contamination of the environment with *Isospora* oocysts.
Firstly an infection model had to be established. Also the safety of different suspensions and the efficacy of one puppy suspension was investigated. Finally the possibility of disinfection with *Isospora* spp. contaminated environment was explored in an in-vitro study.
For the establishment of the infection model a total of 59 dogs of two different age groups (before and after weaning) were infected with different numbers of *I. ohioensis*-complex or *I. canis* oocysts. Six other puppies were infected with a mixed culture. The infection was to cause definite but not severe clinical symptoms and a typical course of infection with clear prepatency and patency and an obvious oocyst excretion. The success of infection was identified using the number of excreted oocysts and the consistency of faeces.
The side effects were observed on 71 dogs. The dogs were given separate suspensions with different solvents (miglyol and sunflower oil) as part of a therapeutic as well as three- and five-fold overdosing treatment. After treatment the dogs were observed for possible side effects.

The efficacy was observed by infecting 100 puppies with *I. ohioensis*-complex or *I. canis* or both. The suspension was given to the puppies in two different doses (20 or 10 mg/kg BW (mg per kg body weight) toltrazuril) and at different points of time during the course of infection (at the prepatency or patency). Some puppies received a fortnightly follow-up treatment. Criterion of efficacy was the oocyst excretion of the treated group compared with the placebo or untreated control group.
The efficacy of two disinfectants (Neopredisan® and Remedor®) was tested in-vitro against *Isospora* oocysts.

An infection dose of 80 000 *I. ohioensis*-complex oocysts or 60 000 *I. canis* oocysts and a mixed dose of 10 000 *I. ohioensis*-complex oocysts and 20 000 *I. canis* oocysts respectively of puppies before weaning caused slight clinical symptoms and an adequate oocyst excretion. Dogs infected after weaning did not develop a typical course of infection. Many dogs were naturally infected and excreted oocysts before the infection which did not notably alter the course of the experimental infection in puppies before weaning. All dogs experimentally infected with I. canis also excreted oocysts of *I. ohioensis*-complex, which also did not alter the course of the *I. canis* infection.

The suspension with sunflower oil as a solvent was tolerated well and no adverse effects were observed. The suspension based on miglyol caused vomiting in the dogs.

The therapeutic as well as the metaphylactic treatment with 10 mg/kg BW toltrazuril reduced the oocyst excretion significantly and thus reduced contamination of the environment. Further the metaphylactical treatment reduced the clinical symptoms. A treatment course over several days as formerly recommended (ECKERT et al., 2000) was not necessary and does not seem sensible. In populations with coccidiosis problems dogs should be treated fortnightly.

To prevent contamination of the environment with *Isospora* oocysts puppies should be treated during the prepatency with the suspension based on sunflower oil. In large commercial kennels all puppies should be treated in their first weeks of life and should receive a follow-up treatment fortnightly. This is the only way to ensure that only a small amount of oocysts end up in the environment. If some dogs in a commercial dog breeding kennel already excrete oocysts these dogs, their penmates and as a precaution also the dogs of the adjacent pens should be treated immediately. Furthermore an immediate disinfection of the facilities with Neopredisan® or Remedor® is advisable.

However, according to personal experience these measures will not completely eradicate the coccidia in commercial kennels, but can only help to prevent severe coccidiosis and keep the threat of infection low.

Smaller dog breeders with one or two litters a year rarely have as severe problems with coccidiosis. The majority of the dogs is infected and excretes oocysts but the infection usually takes a subclinical course, therefore treatment should be performed only when the first cases of clinical coccidiosis occur to protect further generations from the infection.

In wild carnivores seldom cases of clinical coccidiosis occur and treatment is not necessary. However Toltrazuril presumably would be also effective against *Ispospora* species from wild animals.

12 Anhang

Tab. 28: Geometrische Mittelwerte OpG *I. canis*, Infektionsversuche mit *I. canis*

Studientag	Infektionsdosis/Alter in Wochen					
	20 000/ 12-16	34 000/ 8-12	40 000/ 12	20 000/ 3-4	40 000/ 3	60 000/ 4-5
-6	-	-	318	-	-	-
-4	-	-	107	-	-	-
-3	-	-	26	-	-	-
-2	-	313	64	-	-	-
-1	8	241	60	-	-	0
0	-	145	45	-	-	-
1	-	-	230	-	-	6
2	-	50	60	-	-	-
3	2	-	55	-	-	0
4	2	15	140	-	-	-
5	2	11	91	0	-	0
6	0	17	69	0	-	0
7	1	18	3	0	0	0
8	1	35	3	0	0	4
9	2	32	27	0	0	3
10	0	24	1	0	267	330
11	1	63	2	1572	50359	2132
12	4	376	12	720	40598	44260
13	4	248	34	2613	14036	30901
14	3	61	7	86	28851	21602
15	3	42	6	519	14298	8057
16	2	8	4	400	3615	1572
17	0	2	0	467	33	27
18	0	1	-	9	0	19
19	0	0	-	67	0	-

Tab. 28 (Fortsetzung): Geometrische Mittelwerte OpG *I. canis*, Infektionsversuche mit *I. canis*

Studientag	Infektionsdosis/Alter in Wochen					
	20 000/ 12-16	34 000/ 8-12	40 000/ 12	20 000/ 3-4	40 000/ 3	60 000/ 4-5
20	0	0	-	0	-	-
21	0	-	-	2	-	-
22	0	-	-	0	-	-
23	0	-	-	-	-	-
24	0	-	-	-	-	-

Tab. 29: Geometrische Mittelwerte OpG *I. ohioensis*-Komplex, Infektionsversuche mit *I. canis*

Studientag	Infektionsdosis/Alter in Wochen					
	20 000/ 12-16	34 000/ 8-12	40 000/ 12	20 000/ 3-4	40 000/ 3	60 000/ 4-5
-6	-	-	0	-	-	-
-4	-	-	0	-	-	-
-3	-	-	0	-	-	-
-2	-	120	0	-	-	-
-1	48	57	0	-	-	0
0	-	39	0	-	-	-
1	-	-	0	-	-	0
2	-	11	0	-	-	-
3	2	-	0	-	-	0
4	6	9	0	-	-	-
5	9	218	0	0	-	411
6	6	1342	0	0	-	775
7	9	280	0	5069	18142	511
8	12	12	0	5127	433	1362
9	8	2	0	45	41	439

Tab. 29 (Fortsetzung): Geometrische Mittelwerte OpG *I. ohioensis*-Komplex, Infektionsversuche mit *I. canis*

Studientag	Infektionsdosis/Alter in Wochen					
	20 000/ 12-16	34 000/ 8-12	40 000/ 12	20 000/ 3-4	40 000/ 3	60 000/ 4-5
10	4	2	0	13	0	66
11	11	1	0	0	7935	57
12	2	1	0	5599	19206	4
13	2	0	0	571	494	20
14	3	0	0	4450	13	13
15	4	0	0	70	47	17
16	4	0	0	29	30	7
17	0	0	0	0	33	0
18	0	0	-	0	0	1
19	0	0	-	31	0	-
20	0	0	-	0	-	-
21	0	-	-	5	-	-
22	0	-	-	0	-	-
23	0	-	-	-	-	-
24	0	-	-	-	-	-

Tab. 30: Geometrische Mittelwerte OpG Infektionsversuche mit *I. ohioensis*-Komplex

Studientag	Infektionsdosis 60 000	Studientag	Infektionsdosis 80 000	80 000
-1	-	-1	-	-
0	0	0	-	-
1	-	1	-	-
2	-	2	37	-
3	0	3	-	3
4	0	4	121	0
5	0	5	329	2093
6	933	6	32894	6437
7	8008	7	106052	5006
8	-	8	204259	2770
9	-	9	100967	1542
10	7800	10	18035	1191
11	19220	11	25092	58
12	16544	12	-	35
13	5303	13	-	47
14	0	14	60605	-
15	0	15	-	-
16	0	16	4989	-
17	0	17	-	-
19	-	19	422	-
22	-	22	29	-
24	-	24	7	-
30	-	30	0	-
Absetzen				
44	0	34	0	-
45	0	35	0	-
46	12	36	0	-

Tab. 30 (Fortsetzung): Geometrische Mittelwerte OpG Infektionsversuche mit I. ohioensis-Komplex

Studientag	Infektionsdosis 60 000	Studientag	Infektionsdosis 80 000	Infektionsdosis 80 000
47	8	37	0	-
48	63	38	0	-
49	36	39	0	-
50	933	40	0	-
51	600	41	0	-
52	900	42	0	-
53	1391	43	0	-
54	564	44	0	-
55	1201	-	-	-
56	5017	-	-	-
57	3952	-	-	-
58	384	-	-	-
59	167	-	-	-
60	58	-	-	-
61	9	-	-	-
62	8	-	-	-
63	7	-	-	-

Tab. 31: Mittlere Körpergewichte Wirksamkeitsstudie 1

Studientag	Gruppe 1 unbehandelte Kontrolle	Gruppe 2 10 mg/kg KG Toltrazuril an ST 3, 17, 31, 45 und 59	Gruppe 3 20 mg/kg KG Toltrazuril an ST 3	Gruppe 4 10 mg/kg KG an ST 7
2	1,03	1,05	1,13	1,07
7	1,20	1,08	1,20	1,13
16	1,49	1,47	1,52	1,58
23	1,83	1,78	1,78	1,93
30	2,19	2,12	1,98	2,17
37	2,61	2,48	2,40	2,77
44	2,67	2,70	2,78	2,97
51	3,11	3,17	3,27	3,45
58	3,50	3,67	3,67	3,90
65	4,03	4,08	4,22	4,40
Zunahme + Standardabweichung	3,00±0,66	3,03±0,76	3,08±0,73	3,33±0,40

Tab. 32: Mittlere Körpergewichte Wirksamkeitsstudie 2

Studientag	Gruppe 1 unbehandelte Kontrolle	Gruppe 2 10 mg/kg KG Toltrazuril an ST 2	Gruppe 3 10 mg/kg KG Toltrazuril an ST 6, 7 oder 8
-1	1,40	1,39	1,36
2	1,55	1,52	1,49
6	1,73	1,81	1,61
9	1,96	1,92	1,83
13	2,24	2,23	2,06
Zunahme + Standardabweichung	0,84±0,15	0,84±0,11	0,70±0,16

Tab. 33: Mittlere Körpergewichte Wirksamkeitsstudie 3

Studientag	Gruppe 1 unbehandelte Kontrolle	Gruppe 2 10 mg/kg KG Toltrazuril an ST 4	Gruppe 3 10 mg/kg KG Toltrazuril an ST 10, 11 oder 12
-1	1,29	1,51	1,39
4	1,51	1,74	1,58
7	1,56	1,88	1,61
11	1,66	2,09	1,71
14	1,77	2,27	1,83
18	2,02	2,49	2,04
Zunahme + Standardabweichung	0,73±0,19	0,98±0,33	0,66±0,20

Tab. 34: Mittlere Körpergewichte Wirksamkeitsstudie 4

Studientag	Gruppe 1 unbehandelte Kontrolle	Gruppe 2 10 mg/kg KG Toltrazuril an ST 2	Gruppe 3 10 mg/kg KG Toltrazuril an ST 10,11 oder 12
-1	1,10	1,05	1,07
2	1,19	1,16	1,16
6	1,43	1,38	1,37
13	1,63	1,73	1,50
20	2,31	2,36	2,13
Zunahme + Standardabweichung	1,21±0,28	1,31±0,26	1,06±0,19

Tab. 35: Geometrische Mittelwerte OpG *I. ohioensis*-Komplex, Wirksamkeitsstudie 1

Studientag	Gruppe 1 un-behandelte Kontrolle	Gruppe 2 10 mg/kg KG Toltrazuril an ST 3, 17, 31, 45 und 59	Gruppe 3 20 mg/kg KG Toltrazuril an ST 3	Gruppe 4 10 mg/kg KG an ST 7
2	37	0	1285	39
4	121	0	301	10
5	329	0	1	26
6	32894	0	1	79140
7	106052	300	0	516379
8	204259	16	0	569
9	100967	45	0	2
10	18035	3	0	0
11	25092	2	0	0
14	60605	0	0	0
16	4989	0	0	0
18	422	0	0	0
19	241	0	0	0
22	29	0	0	0
24	10	0	0	0
29	0	0	0	0
30	0	0	0	0

Tab. 36: Geometrische Mittelwerte OpG *I. ohioensis*-Komplex, Wirksamkeitsstudie 2

Studientag	Gruppe 1 unbehandelte Kontrolle	Gruppe 2 10 mg/kg KG Toltrazuril an ST 2	Gruppe 3 10 mg/kg KG Toltrazuril an ST 6, 7 oder 8
-1	0	2	3
1	0	4	0
3	3	1	3
4	0	0	1
5	2093	1	1619
6	6437	9	7982
7	5006	0	149
8	2770	3	39
9	1542	0	4
10	1191	0	0
11	58	0	0
12	35	3	2
13	47	0	1

Tab. 37: Geometrische Mittelwerte OpG *I. canis*, Wirksamkeitsstudie 3

Studientag	Gruppe 1, unbehandelte Kontrolle	Gruppe 2, 10 mg/kg KG Toltrazuril an ST 4	Gruppe 3, 10 mg/kg KG Toltrazuril an ST 11,12 oder 13
-1	0	0	0
1	6	1	0
3	0	0	0
5	0	1	0
6	0	0	0
7	0	0	0
8	4	0	1
9	3	0	1
10	511	1	176
11	4119	3	15183
12	110238	2	42545
13	73298	11	3971
14	48840	33	10
15	17680	32	7
16	2619	2	0
17	29	1	0
18	20	1	0

Tab. 38: Geometrische Mittelwerte OpG *I. ohioensis*-Komplex, Wirksamkeitsstudie 3

Studientag	Gruppe 1, unbehandelte Kontrolle	Gruppe 2, 10 mg/kg KG Toltrazuril an ST 4	Gruppe 3, 10 mg/kg KG Toltrazuril an ST 11,12 oder 13
-1	0	0	0
1	0	0	4
3	0	0	0
5	411	9	163
6	775	2	475
7	511	2	3560
8	1362	0	3466
9	439	0	783
10	66	0	90
11	57	2	71
12	4	0	2
13	20	0	0
14	13	0	0
15	17	0	0
16	7	0	0
17	0	0	0
18	1	0	0

Tab. 39: Geometrische Mittelwerte OpG *I. canis,* Wirksamkeitsstudie 4

Studientag	Gruppe 1, unbehandelte Kontrolle	Gruppe 2, 10 mg/kg KG Toltrazuril an ST 2	Gruppe 3, 10 mg/kg KG Toltrazuril an ST 11,12 oder 13
-1	0	0	0
4	0	0	0
5	0	0	0
6	0	0	0
7	0	0	0
8	0	0	0
9	1	0	3
10	70	2	440
11	3936	40	6163
12	78869	92	13596
13	18896	27	1275
14	10109	987	2227
15	6921	1925	200
16	1763	1115	73
17	521	246	55
18	647	375	6
19	135	16	3
20	21	2	0

Tab. 40: Geometrische Mittelwerte OpG *I. ohioensis*- Komplex, Wirksamkeitsstudie 4

Studientag	Gruppe 1, unbehandelte Kontrolle	Gruppe 2, 10 mg/kg KG Toltrazuril an ST 2	Gruppe 3, 10 mg/kg KG Toltrazuril an ST 11,12 oder 13
-1	6	0	0
4	8	1	3
5	223	1	9
6	1498	0	563
7	5936	3	5414
8	483	1	2561
9	268	0	2576
10	185	5	312
11	277	2	496
12	736	0	195
13	2250	0	3
14	200	1	1
15	110	0	0
16	123	0	0
17	20	3	1
18	39	5	1
19	188	13	0
20	96	2	1

Literaturverzeichnis

1. Abd-Al-Aal, Z., Ramadan, N. F., and Al-Hoot, A.; 2000:
Life-cycle of *Isospora mehlhornii* sp. nov. (Apicomplexa : Eimeriidae), parasite of the Egyptian swallow *Hirundo rubicola savignii*.
Parasitol.Res. Vol: 86/4 Seite: 270-278.

2. Aguirre, A. A., Angerbjorn, A., Tannerfeldt, M., and Morner, T.; 2000:
Health evaluation of arctic fox (*Alopex lagopus*) cubs in Sweden. J.Zoo.Wildl.Med. Vol: 31/1 Seite: 36-40.

3. Arther, R. G. and Post, G.; 1977:
Coccidia of coyotes in eastern Colorado.
J.Wildl.Dis. Vol: 13/1 Seite: 97-100.

4. Asano, R., Murasugi, E., and Yamamoto, Y.; 1997:
[Detection of intestinal parasites from main-land raccoon dogs, Nyctereutes procyonoides viverrinus, in southeastern Kanagawa Prefecture].
Abstract, Artikel in Japanisch
Kansenshogaku Zasshi Vol: 71/7 Seite: 664-667.

5. Baddaky-Taugbøl, B. Vroom M. W., Nordberg L., Leistra, M. H. G., Sinke J. D., Hovenier, R., Beynen A. C., Pastoor, F. J. H.; 2004
A randomized, controlled, double blinded, multicentre study on the efficacy of a diet rich in fish oil and borage oil in the control of canine atopic dermatitis
Advances in the veterinarian dermatology Vol: 5 Seite: 173-187
Blackwell Verlag GmbH Berlin

6. Baek, B. K., Kim, C. S., Kim, J. H., Han, K. S., and Kim, Y. G.; 1993: Studies on isosporosis in dogs. I: Isolation and sporulation of *Isospora ohioensis*.
Korean J.Parasitol. Vol: 31/3 Seite: 201-206.

7. Bagrade, G., Kirjusina, M., Vismanis, K., and Ozolins, J.; 2009:
Helminth parasites of the wolf *Canis lupus* from Latvia.
J.Helminthol. Vol: 83/1 Seite: 63-68.

8. Balicka-Ramisz, A., Tomza-Marciniak, A., Pilarczyk, B., Wieczorek-Dabrowska, M., and Bakowska, M.; 2007:
[Intestinal parasites of parrots].
Abstract, Artikel in Polnisch
Wiad.Parazytol. Vol: 53/2 Seite: 129-132.

9. Barta, J. R., Schrenzel, M. D., Carreno, R., and Rideout, B. A.; 2005: The genus Atoxoplasma (Garnham 1950) as a junior objective synonym of the genus *Isospora* (Schneider 1881) species infecting birds and resurrection of *Cystoisospora* (Frenkel 1977) as the correct genus for *Isospora* species infecting mammals.
J.Parasitol. Vol: 91/3 Seite: 726-727.

10 Barutzki, D., Erber, M., and Boch, J.; 1981:
Möglichkeiten der Desinfektion bei Kokzidiose (*Eimeria, Isospora, Toxoplasma* und *Sarcocystis*).
Berl Munch.Tierarztl.Wochenschr. Vol: 94 Seite: 451-455.

11. Barutzki, D. and Schaper, R.; 2003:
Endoparasites in dogs and cats in Germany 1999-2002.
Parasitol.Res. Vol: 90 Suppl 3 Seite: S148-S150.

12. Batte, E. G.; 1973:
Gastrointestinal parasitism in the dog.
Vet.Clin.North Am. Vol: 2/1 Seite: 181-188.

13. Bauer, C. and Stoye, M.; 1984:
Ergebnisse parasitologischer Kotuntersuchungen von Equiden, Hunden, Katzen und Igeln der Jahre 1974-1983.
Dtsch.Tierarztl.Wochenschr. Vol: 91/7-8 Seite: 255-258.

14. Bayer Animal Health GmbH; 2009: Toltrazuril.
[Online im Internet] URL: http://www.animal-health-online.de/drms/schweine/saugferkel.html
[Stand: 24. 07. 2009]

15. Bayer HealthCare Tiergesundheit; 2002:
Baycox® 5% orale Suspension.
[Online im Internet] URL: http://www.baycox.de/index.php/fuseaction/download/lrn_file/Baycox_5Pr_Folder.pdf
[Stand: 24. 07. 2009]

16. Becker, C.; 1980:
Untersuchungen zur Pathogenität und Immunologie experimenteller Kokzidieninfektionen (*Cystoisospora canis* und *C. ohioensis*) beim Hund.
Univ. München, Diss.

17. Becker, C., Heine, J., and Boch, J.; 2009:
Experimentelle *Cystoisospora canis* und *Cystoisospora ohioensis* Infektionen beim Hund.
Tierärztliche Umschau Vol: 36 Seite: 336-341.

18. Belova, L. M. and Krylov, M. V.; 2006:
[Coccidia (eimeriidae) of fishes (Cypriniformes) in the continental waters of Russia].
Abstract, Artikel in Russisch
Parazitologiia Vol: 40/5 Seite: 447-461.

19. Blagburn, B. L., Lindsay, D. S., Vaughan, J. L., Rippey, N. S., Wright, J. C., Lynn, R. C., Kelch, W. J., Ritchie, G. C., Hepler, D. I., and Blake, R. T.; 1996:
Prevalence on canine Parasites based on fecal flotation.
Compend.Cont.Educ.Pract.Vet. Vol: 18 Seite: 483-509.

20. Blake, R. T. and Overend, D. J.; 1982:
The prevalence of *Dirofilaria immitis* and other parasites in urban pound dogs in north-eastern Victoria.
Aust.Vet.J. Vol: 58/3 Seite: 111-114.

21. Blazius, R. D., Emerick, S., Prophiro, J. S., Romao, P. R., and Silva, O. S.; 2005:
[Occurrence of protozoa and helminthes in faecal samples of stray dogs from Itapema City, Santa Catarina].
Abstract, Artikel in Portugisisch
Rev.Soc.Bras.Med.Trop. Vol: 38/1 Seite: 73-74.

22. Bledsoe, B.; 1976:
Isospora vulpina Nieschulz and Bos, 1933: description, and transmission from the fox (*Vulpes vulpes*) to the dog.
J.Protozool. Vol: 23/3 Seite: 365-367.

23. Boch, J., Bohm, A., and Weiland, G.; 1979:
Die Kokzidien-Infektionen (*Isospora, Sarcocystis, Hammondia, Toxoplasma*) des Hundes.
Berl Munch.Tierarztl.Wochenschr. Vol: 92/12 Seite: 240-243.

24. Boch, J., Heine, J., Becker, C., and Brösike, S.; 1981:
Isospora Infektionen bei Hund und Katze.
Referatband, 27.Jahrestagung Deutsche Veterinärmedizinische Gesellschaft Seite: 68-72.

25. Bode, K.; 1999:
Endoparasitenbefall in kommerziellen Hundezuchten unter besonderer Berücksichtigung der Isosporose.
Hannover, Tierärztl. Hochsch., Diss.

26. Bornstein, S., Gluecks, I. V., Younan, M., Thebo, P., and Mattsson, J. G.; 2008:
Isospora orlovi infection in suckling dromedary camel calves (*Camelus dromedarius*) in Kenya.

Vet.Parasitol. Vol: 152/3-4 Seite: 194-201.

27. Bourdoiseau, G.; 1993:
Digestive coccidiosis in domestic carnivores.
Rec.Med.Vet. Vol: 169/5/6 Seite: 387-391.

28. Brahm, R.; 2009:
Zum Endoparasitenbefall der Hunde und seiner Bedeutung für das Auftreten von Zoonosen.
Kleintierpraxis Vol: 19 Seite: 117-122.

29. Brantley, R. K., Williams, K. R., Silva, T. M., Sistrom, M., Thielman, N. M., Ward, H., Lima, A. A., and Guerrant, R. L.; 2003:
AIDS-associated diarrhea and wasting in Northeast Brazil is associated with subtherapeutic plasma levels of antiretroviral medications and with both bovine and human subtypes of *Cryptosporidium parvum*.
Braz.J.Infect.Dis. Vol: 7/1 Seite: 16-22.

30. Bridger, K. E. and Whitney, H.; 2009:
Gastrointestinal parasites in dogs from the Island of St. Pierre off the south coast of Newfoundland.
Vet Parasitol. Vol: 162/1-2 Seite: 167-170.

31. Brösike, S., Heine, J., and Boch, J.; 1982:
Der Nachweis extraintestinaler Entwicklungsstadien (Dormozoiten) in experimentell mit *Cystoisospora rivolta*-Oocysten infizierten Mäusen. Kleintierpraxis Vol: 27 Seite: 25-34.

32. Brunnthaler, F.; 1977:
Beitrag zur Kokzidiose des Hundes.
Prakt.Tierarzt Vol: 58 Seite: 849-851.

33. Buehl, I. E., Prosl, H., Mundt, H. C., Tichy, A. G., and Joachim, A.; 2006:
Canine isosporosis - epidemiology of field and experimental infections. J.Vet.Med.B Infect.Dis.Vet.Public Health Vol: 53/10 Seite: 482-487.

34. Bugg, R. J., Robertson, I. D., Elliot, A. D., and Thompson, R. C.; 1999:
Gastrointestinal parasites of urban dogs in Perth, Western Australia.
Vet J. Vol: 157/3 Seite: 295-301.

35. Burrows, R. B. and Lillis, W. G.; 1967:
Intestinal protozoan infections in dogs.
J.Am.Vet.Med.Assoc. Vol: 150/8 Seite: 880-883.

36. Canning, E. U. and Anwar, M.; 1968:
Studies on meiotic division in coccidial and malarial parasites. J.Protozool. Vol: 15/2 Seite: 290-298.

37. Charles, S., Chopade, H. M., Cieszewski, D. K., Arther, R. G., Settji, T. J., and Reinemeyer, C. R.; 2007:
Safety of 5% Ponazuril (Toltrazuril sulfone) Oral Suspension and Efficacy against Naturally Acquired *Cystoisospora ohioensis* like Infection in Beagle Puppies.
Parasitol.Res. Vol: 101 Seite: 134-144.

38. Chengelis, C. P., Kirkpatrick, J. B., Marit, G. B., Morita, O., Tamaki, Y., and Suzuki, H.; 2006:
A chronic dietary toxicity study of DAG (diacylglycerol) in Beagle dogs. Food Chem.Toxicol. Vol: 44/1 Seite: 81-97.

39. Cieslicki, M. and Lipper, E.; 1993:
Zur Wirksamkeit und Verträglichkeit von Clazuril (Appertex®) bei der Kokzidiose von Hund und Katze.
Kleintierpraxis Vol: 38 Seite: 725-728.

40. Claerebout, E., Casaert, S., Dalemans, A. C., De, W. N., Levecke, B., Vercruysse, J., and Geurden, T.; 2008:
Giardia and other intestinal parasites in different dog populations in Northern Belgium.
Vet.Parasitol.

41. Collins, G. H., Emslie, D. R., Farrow, B. R., and Watson, A. D.; 1983: Sporozoa in dogs and cats.
Aust.Vet.J. Vol: 60/10 Seite: 289-290.

42. Conboy, G.; 1998:
Canine coccidiosis.
Can.Vet.J. Vol: 39/7 Seite: 443-444.

43. Constantinoiu, C. C., Lillehoj, H. S., Matsubayashi, M., Tani, H., Matsuda, H., Sasai, K., and Baba, E.; 2004:
Characterization of stage-specific and cross-reactive antigens from *Eimeria acervulina* by chicken monoclonal antibodies.
J.Vet.Med.Sci. Vol: 66/4 Seite: 403-408.

44. Corlouer, J. P. and Heripret, D.; 1990:
Emergency treatment of vomiting and acute diarrhea in domestic carnivores.
Rec.Med.Vet.(France) Vol: 165 Seite: 979-993.

45. Cornelissen, A. W. and Overdulve, J. P.; 1985:
Sex determination and sex differentiation in coccidia: gametogony and oocyst production after monoclonal infection of cats with free-living and intermediate host stages of *Isospora* (*Toxoplasma*) *gondii*.
Parasitology Vol: 90 (Pt 1) Seite: 35-44.

46. Correa, W. M., Correa, C. N. M., Langoni, H., Volpato, O. A., and Tsunoda, K.; 1983:
Canine isosporosis.
Canine Pract. Vol: 10 Seite: 44-46.

47. Cruz, A. E., Lira, T., I, Guiris Andrade, D. M., Osorio, S. D., and Quintero, M. M.; 2006:
[Parasites of the Central American tapir *Tapirus bairdii* (Perissodactyla: Tapiridae) in Chiapas, Mexico].
Abstract, Artikel in Spanisch
Rev.Biol.Trop. Vol: 54/2 Seite: 445-450.

48. Daniel, J. W.; 1986:
Metabolic aspects of antioxidants and preservatives.
Xenobiotica Vol: 16/10-11 Seite: 1073-1078.

49. Darius, A. K., Mehlhorn, H., and Heydorn, A. O.; 2004:
Effects of toltrazuril and ponazuril on the fine structure and multiplication of tachyzoites of the NC-1 strain of *Neospora caninum* (a synonym of *Hammondia heydorni*) in cell cultures.
Parasitol.Res. Vol: 92/6 Seite: 453-458.

50. Daugschies, A., Bialek, R., Joachim, A., and Mundt, H. C.; 2001: Autofluorescence microscopy for the detection of nematode eggs and protozoa, in particular *Isospora suis*, in swine faeces.
Parasitol.Res. Vol: 87/5 Seite: 409-412.

51. Daugschies, A., Bose, R., Marx, J., Teich, K., and Friedhoff, K. T.; 2002:
Development and application of a standardized assay for chemical disinfection of coccidia oocysts.
Vet.Parasitol. Vol: 103/4 Seite: 299-308.

52. Daugschies, A., Mundt, H. C., and Letkova, V.; 2000:
Toltrazuril treatment of cystoisosporosis in dogs under experimental and field conditions.
Parasitol.Res. Vol: 86/10 Seite: 797-799.

53. Day, M. J.; 2007:
Immune system development in the dog and cat.
J.Comp Pathol. Vol: 137 Suppl 1 Seite: 10-15.

54. Day, M. J.; 2005:
The canine model of dietary hypersensitivity.
Proceedings of the Nutrition Society Vol: 64 Seite: 458-464.

55. de Carvalho Filho, P. R., de Meireles, G. S., Ribeiro, C. T., and Lopes, C. W.; 2005:
Three new species of *Isospora* Schneider, 1881 (Apicomplexa: Eimeriidae) from the double-collared seed eater, *Sporophila caerulescens* (Passeriformes: Emberizidae), from Eastern Brazil.
Mem.Inst.Oswaldo Cruz Vol: 100/2 Seite: 151-154.

56. Del, C. E., Pages, M., Gallego, M., Monteagudo, L., and Sanchez-Acedo, C.; 2005:
Synaptonemal complex karyotype of *Eimeria tenella*.
Int.J.Parasitol. Vol: 35/13 Seite: 1445-1451.

57. Desser, S. S.; 1970:
The fine structure of *Leucocytozoon simondi*. III. The ookinete and mature sporozoite.
Canadian Journal of Zoology Vol: 48/4 Seite: 641-645.

58. Dolnik, O.; 2006:
The relative stability of chronic *Isospora sylvianthina* (Protozoa: Apicomplexa) infection in blackcaps (*Sylvia atricapilla*): evaluation of a simplified method of estimating isosporan infection intensity in passerine birds.
Parasitol.Res. Vol: 100/1 Seite: 155-160.

59. Dolnik, O. V., von Ronn, J. A., and Bensch, S.; 2009:
Isospora hypoleucae sp. n. (Apicomplexa: Eimeriidae), a new coccidian parasite found in the Pied Flycatcher (Ficedula hypoleuca).
Parasitology Vol: 136/8 Seite: 841-845.

60. Dubey, J. P.; 1975a:
Experimental *Isoporo canis* and *Isospora felis* infection in mice, cats, and dogs.
J.Protozool. Vol: 22/3 Seite: 416-417.

61. Dubey, J. P.; 1975b:
Isospora ohioensis sp. n. proposed for *I. rivolta* of the dog.
J.Parasitol. Vol: 61/3 Seite: 462-465.

62. Dubey, J. P.; 1976:
A review of *Sarcocystis* of domestic animals and of other coccidia of cats and dogs.
J.Am.Vet.Med.Assoc. Vol: 169/10 Seite: 1061-1078.

63. Dubey, J. P.; 1977:
Taxonomy of *Sarcocystis* and other Coccidia of cats and dogs. J.Am.Vet.Med.Assoc. Vol: 170/8 Seite: 778, 782-

64. Dubey, J. P.; 1978a:
Life-cycle of *Isospora ohioensis* in dogs.
Parasitology Vol: 77/1 Seite: 1-11.

65. Dubey, J. P.; 1978b:
Pathogenicity of *Isospora ohioensis* infection in dogs. J.Am.Vet.Med.Assoc. Vol: 173/2 Seite: 192-197.

66. Dubey, J. P.; 1979:
Life cycle of *Isospora rivolta* (Grassi, 1879) in cats and mice.
J Protozool. Vol: 26/3 Seite: 433-443.

67. Dubey, J. P.; 2009:
The evolution of the knowledge of cat and dog coccidia.
Parasitology Seite: 1-7.

68. Dubey, J. P. and Fayer, R.; 1976:
Development of *Isospora begemina* in dogs and other mammals.
Parasitology Vol: 73/3 Seite: 371-380.

69. Dubey, J. P. and Mahrt, J. L.; 1978:
Isospora neorivolta SP. N. from the domestic dog.
J.Parasitol. Vol: 64/6 Seite: 1067-1073.

70. Dubey, J. P. and Mehlhorn, H.; 1978:
Extraintestinal stages fo *Isospora ohioensis* from dogs in mice. J.Parasitol. Vol: 64/4 Seite: 689-695.

71. Dubey, J. P., Schares, G., and Ortega-Mora, L. M.; 2007:
Epidemiology and control of neosporosis and *Neospora caninum*. Clin.Microbiol.Rev. Vol: 20/2 Seite: 323-367.

72. Dubey, J. P., Thomazin, K. B., and Garner, M. M.; 1998:
Enteritis associated with coccidiosis in a german shepherd dog.
Canine Pract. Vol: 23 Seite: 5-9.

73. Dubey, J. P., Weisbrode, S. E., and Rogers, W. A.; 1978:
Canine coccidiosis attributed to an *Isospora ohioensis*-like organism: a case report.
J.Am.Vet.Med.Assoc. Vol: 173/2 Seite: 185-191.

74. Dubey, J. P., Wouda, W., and Muskens, J.; 2008:
Fatal intestinal coccidiosis in a three week old buffalo calf (*Bubalus bubalus*).
J.Parasitol. Vol: 94/6 Seite: 1289-1294.

75. Dubna, S., Langrova, I., Napravnik, J., Jankovska, I., Vadlejch, J., Pekar, S., and Fechtner, J.; 2007:
The prevalence of intestinal parasites in dogs from Prague, rural areas, and shelters of the Czech Republic.
Vet.Parasitol. Vol: 145/1-2 Seite: 120-128.

76. Ducrotte, P., Denis, P., and Colin, R.; 1989:
Effects of food on motility of the small intestine.
Presse Med. Vol: 18/6 Seite: 274-277.

77. Dunbar, M. R. and Foreyt, W. J.; 1985:
Prevention of coccidiosis in domestic dogs and captive coyotes (*Canis latrans*) with sulfadimethoxine-ormetoprim combination.
Am.J.Vet.Res. Vol: 46/9 Seite: 1899-1902.

78. Dürr, M.; 1976:
Klinische Erfahrungen mit Trimethoprim-Sulfadiazin (Tribrissen) bei der Kokzidiose bei Hund und Katze.
Tierärztliche Umschau Vol: 31 Seite: 1-3.

79. Duszynski, D. W., Couch, L., and Upton, S. J.; 2000:
Coccidia (Eimeriidae) of Canidae and Felidae.
University of New Mexico

80. Eckert, J., Friedhoff, K. T., Zahner, H., and Deplazes, P.; 2000:
Erreger von Parasitosen: Systematik, Taxonomie und allgemeine Merkmale. Reich: Protozoa (Einzeller).
Seite: 4-10.
Enke Verlag, Stuttgart

81. El-Laithy, H. M.; 2008:
Self-nanoemulsifying drug delivery system for enhanced bioavailability and improved hepatoprotective activity of biphenyl dimethyl dicarboxylate.
Curr.Drug Deliv. Vol: 5/3 Seite: 170-176.

82. Emde, C.; 1988:
Zum Endoparasitenbefall bei Hunden einer westdeutschen Großstadt (Wuppertal).
Prakt.Tierarzt Vol: 69 Seite: 19-23.

83. Enigk, K.; 1988:
Untersuchungen über die Abtötung der Spulwurmeier und Coccidienoocysten durch Chemikalien.
Arch.wiss.prakt.Tierheilk. Vol: 70 Seite: 19-23.

84. Epe, C., Coati, N., and Schnieder, T.; 2004:
Ergebnisse parasitologischer Kotuntersuchungen von Pferden, Wiederkäuern, Schweinen, Hunden, Katzen, Igeln und Kaninchen in den Jahren 1998-2002.
Dtsch.Tierarztl.Wochenschr. Vol: 111/6 Seite: 243-247.

85. Epe, C., Ising-Volmer, S., and Stoye, M.; 1993:
Ergebnisse parasitologischer Kotuntersuchungen von Pferden, Hunden, Katzen und Igeln in den Jahren 1984-1991].
Dtsch.Tierarztl.Wochenschr. Vol: 100/11 Seite: 426-428.

86. Euzeby, J.; 1980:
Les coccidies parasites du chien et du chat: Incidences pathogéniques et épidémologiques.
Rev.Med.vet Vol: 131 Seite: 43-61.

87. Faber, J. E., Kollmann, D., Heise, A., Bauer, C., Failing, K., Burger, H. J., and Zahner, H.; 2002:
Eimeria infections in cows in the periparturient phase and their calves: oocyst excretion and levels of specific serum and colostrum antibodies. Vet.Parasitol. Vol: 104/1 Seite: 1-17.

88. Fayer, R.; 1978:
Epidemiology of Protozoan Infections: The Coccidia.
Vet.Parasitol. Vol: 980 Seite: 75-103.

89. Fayer, R. and Mahrt, J. L.; 1972:
Development of *Isospora canis* (Protozoa; Sporozoa) in cell culture. Z.Parasitenkd. Vol: 38/4 Seite: 313-318.

90. Fayer, R. and Xiao, L.; 2008:
Cryptosporidium and Cryptosporidiosis.
General Biology, Seite 1-35
IWA publishing, London

91. Fiorello, C. V., Robbins, R. G., Maffei, L., and Wade, S. E.; 2006: Parasites of free-ranging small canids and felids in the Bolivian Chaco. J.Zoo.Wildl.Med. Vol: 37/2 Seite: 130-134.

92. Fitzgerald, P. R.; 1980:
The economic impact of coccidiosis in domestic animals. Adv.Vet.Sci.Comp Med. Vol: 24 Seite: 121-143.

93. Fontanarrosa, M. F., Vezzani, D., Basabe, J., and Eiras, D. F.; 2006: An epidemiological study of gastrointestinal parasites of dogs from Southern Greater Buenos Aires (Argentina): age, gender, breed, mixed infections, and seasonal and spatial patterns.
Vet.Parasitol. Vol: 136/3-4 Seite: 283-295.

94. Frenkel, J. K.; 1974:
Advances in the biology of sporozoa.
Z.Parasitenkd. Vol: 45/2 Seite: 125-162.

95. Fricker-Hidalgo, H., Bulabois, C. E., Brenier-Pinchart, M. P., Hamidfar, R., Garban, F., Brion, J. P., Timsit, J. F., Cahn, J. Y., and Pelloux, H.; 2009:
Diagnosis of toxoplasmosis after allogeneic stem cell transplantation: results of DNA detection and serological techniques.
Clin.Infect.Dis. Vol: 48/2 Seite: 9-15.

96. Funada, M. R., Pena, H. F. J., Soares, R. M., Amaku, M., and Gennari, S. M.; 2007:
[Frequency of gastrointestinal parasites in dogs and cats referred to a veterinary school hospital in the city of São Paulo].
Abstract, Artikel in Portugisisch
Arq.Bras.Med.Vet.Zootec Vol: 59/5 Seite: 1338-1340.

97. Gal, A., Harrus, S., Arcoh, I., Lavy, E., Aizenberg, I., Mekuzas-Yisaschar, Y., and Baneth, G.; 2007:
Coinfection with multiple tick-borne and intestinal parasites in a 6-week-old dog.
Can.Vet.J. Vol: 48/6 Seite: 619-622.

98. Gasda,N., Mundt,H.C.; 2007
Comparative study of the efficacy of Baycox® 5% (toltrazuril), Sulfadimidin Na 100% AniMedica® and Sulfamethoxy 25P (Sulfamethoxypyridazin) against experimental infection with *Isospora suis* in suckling piglets.
Nicht veröffentlichte Studie der Bayer Animal Health GmbH

99. Gass, H.; 1971:
Infektionen in Händlerställen und gewerblichen Zuchten.
Kleintierpraxis Vol: 16 Seite: 243-246.

100. Gass, H.; 1978:
Probleme im gewerblichen Hundehandel.
Fortschr.Vet.med. Vol: 28 Seite: 110-113.

101. Gothe, R. and Reichler, I.; 1990a:
Endoparasitenarten und Infektionshäufigkeit bei Hündinnen und ihren Welpen in. Süddeutschland.
Tierarztl.Prax. Vol: 18/1 Seite: 61-64.

102. Gothe, R. and Reichler, I.; 1990b:
Zur Befallshäufigkeit von Coccidien bei Hundefamilien unterschiedlicher Haltung und Rassen in. Süddeutschland.
Tierarztl.Prax. Vol: 18/4 Seite: 407-413.

103. Greene, C. E. and Pestwood, A. K.; 1984:
Clinical Microbiology and Infectious Diseases of the Dog and Cat
Coccidial infections. Seite: 824-858.
W. B. Saunders Company, Philadelphia

104. Griffin, R. W., Scott, G. C., and Cante, C. J.; 1984:
Food preferences of dogs housed in testing-kennels and in consumer´s homes: some comparisons.
Neurosci.Biobehav.Rev. Vol: 8/2 Seite: 253-259.

105. Gryczynska, A., Dolnik, O., and Mazgajski, T. D.; 1999:
Parasites of Chaffinch (*Fringilla coelebs*) population. Part I. Coccidia (Protozoa, Apicomplexa).
Wiad.Parazytol. Vol: 45/4 Seite: 495-500.

106. Guberti, V., Stancampiano, L., and Francisci, F.; 1993:
Intestinal helminth parasite community in wolves (*Canis lupus*) in Italy. Parassitologia Vol: 35/1-3 Seite: 59-65.

107. Haberkorn, A. and Mundt, H. C.; 1987:
Studies on the activity Spectrum of Toltrazuril, a new Anti-Coccidial Agent.
Vet.med.rev. Vol: 1 Seite: 22-32.

108. Haeber, P. J., Lindsay, D. S., and Blagburn, B. L.; 1992a:
Development and characterization of monoclonal antibodies to first-generation merozoites of *Eimeria bovis*.
Vet Parasitol. Vol: 44/3-4 Seite: 321-327.

109. Haralabidis, S. T., Papazachariadou, M. G., Koutinas, A. F., and Rallis, T. S.; 1988:
A survey on the prevalence of gastrointestinal parasites of dogs in the area of Thessaloniki, Greece.
J.Helminthol.
Vol: 62/1 Seite: 45-49.

110. Harder, A. and Haberkorn, A.; 1989:
Possible mode of action of toltrazuril: studies on two *Eimeria* species and mammalian and *Ascaris suum* enzymes.
Parasitol.Res. Vol: 76/1 Seite: 8-12.

111. Heine, J.; 1981:
Die tryptische Organverdauung als Methode zum Nachweis extraintestinaler Stadien bei *Cystoisospora* spp.
– Infektionen.
Berl Munch.Tierarztl.Wochenschr. Vol: 94/6 Seite: 103-104.

112. Helmink, S. K., Rodriguez-Zas, S. L., Shanks, R. D., and Leighton, E. A.; 2001:
Estimated genetic parameters for growth traits of German shepherd dog and Labrador retriever dog guides.
J.Anim Sci. Vol: 79/6 Seite: 1450-1456.

113. Helmink, S. K., Shanks, R. D., and Leighton, E. A.; 2000:
Breed and sex differences in growth curves for two breeds of dog guides.
J.Anim Sci. Vol: 78/1 Seite: 27-32.

114. Heydorn, A. O.; 1973:
Zum Lebenszyklus der kleinen Form von *Isospora bigemina* des Hundes. Rind und Hund als mogliche Zwischenwrite
Berl Munch.Tierarztl.Wochenschr. Vol: 86/17 Seite: 323-329.

115. Heydorn, A. O., Gestrich, R., and Ipczynski, V.; 1975:
Zum Lebenszyklus der kleinen Form von *Isospora bigemina* des Hundes. Entwicklungsstadien im Darm des Hundes.
Berl Munch.Tierarztl.Wochenschr. Vol: 88/23 Seite: 449-453.

116. Hiepe, T.; 1983:
Lehrbuch der Parasitologie
Protozoologie. Vol: 2
G. Fischer Verlag, Jena

117. Hilali, M., Fatani, A., and al-Atiya, S.; 1995:
Isolation of tissue cysts of *Toxoplasma*, *Isospora*, *Hammondia* and *Sarcocystis* from camel (*Camelus dromedarius*) meat in Saudi Arabia. Vet.Parasitol. Vol: 58/4 Seite: 353-356.

118. Hilali, M., Ghaffar, F. A., and Scholtyseck, E.; 1979:
Ultrastructural study of the endogenous stages of *Isospora canis* (Nemeseri, 1959) in the small intestine of dogs.
Acta Vet.Acad.Sci.Hung. Vol: 27/3 Seite: 233-243.

119. Hilali, M., Nassar, A. M., and El-Ghaysh, A.; 1992:
Camel (*Camelus dromedarius*) and sheep (*Ovis aries*) meat as a source of dog infection with some coccidian parasites.
Vet.Parasitol. Vol: 43/1-2 Seite: 37-43.

120. Hill, D. E., Liddell, S., Jenkins, M. C., and Dubey, J. P.; 2001:
Specific detection of *Neospora caninum* oocysts in fecal samples from experimentally-infected dogs using the polymerase chain reaction. J.Parasitol. Vol: 87/2 Seite: 395-398.

121. Hinaidy, H. K.; 1991:
Parasitoses and antiparasitics in the dog and cat in Austria.- Hints for the small animal practitioner.
Wien.Tierärztl.Mschr. Vol: 78 Seite: 302-310.

122. Ho, S. Y., Watanabe, Y., Lee, Y. C., Shih, T. H., Tu, W. J., and Ooi, H. K.; 2006:
Survey of gastrointestinal parasitic infections in quarantined dogs in Taiwan.
J.Vet.Med.Sci. Vol: 68/1 Seite: 69-70.

123. Horak, P., Saks, L., Karu, U., and Ots, I.; 2006:
Host resistance and parasite virulence in greenfinch coccidiosis. J.Evol.Biol. Vol: 19/1 Seite: 277-288.

124. Hoskins, J. D., Malone, J. B., and Smith, P. H.; 1982:
Prevalence of parasitism diagnosed by fecal examination in Louisiana dogs.
Am.J.Vet.Res. Vol: 43/6 Seite: 1106-1109.

125. Hosse, R. J.; 2004:
Identifizierung und Charakterisierung von zwei neuen Proteinen aus *Eimeria tenella* als Targets für Vakzinierung und Antikokzidia.
Heinrich-Heine-Univ. Düsseldorf, Diss.

126. Houpt, K. A. and Smith, S. L.; 1981:
Taste preferences and their relation to obesity in dogs and cats. Can.Vet.J. Vol: 22/4 Seite: 77-85.

127. Huang, Z. R., Hua, S. C., Yang, Y. L., and Fang, J. Y.; 2008:
Development and evaluation of lipid nanoparticles for camptothecin delivery: a comparison of solid lipid nanoparticles, nanostructured lipid carriers, and lipid emulsion.
Acta Pharmacol.Sin. Vol: 29/9 Seite: 1094-1102.

128. Hubbard, K., Skelly, B. J., McKelvie, J., and Wood, J. L.; 2007:
Risk of vomiting and diarrhoea in dogs.
Vet.Rec. Vol: 161/22 Seite: 755-757.

129. Inpankaew, T., Traub, R., Thompson, R. C., and Sukthana, Y.; 2007:
Canine parasitic zoonoses in Bangkok temples. Southeast Asian J.Trop.Med.Public Health Vol: 38/2 Seite: 247-255.

130. Isaacs, P. E., Ladas, S., Forgacs, I. C., Dowling, R. H., Ellam, S. V., Adrian, T. E., and Bloom, S. R.; 1987:
Comparison of effects of ingested medium- and long-chain triglyceride on gallbladder volume and release of cholecystokinin and other gut peptides.
Dig.Dis.Sci. Vol: 32/5 Seite: 481-486.

131. Jager, M., Gauly, M., Bauer, C., Failing, K., Erhardt, G., and Zahner, H.; 2005a:
Endoparasites in calves of beef cattle herds: management systems dependent and genetic influences.
Vet Parasitol. Vol: 131/3-4 Seite: 173-191.

132. Jakobi, V.; 2006:
In vivo und in vitro Untersuchungen zur Immunantwort und Parasitenentwicklung bei Infektionen mit dem Darmparasiten *Cryptosporidium parvum* .
Johannes Gutenberg-Univ. Mainz, Diss.

138. Jaskoski, B. J.; 1971:
Intestinal parasites of well cared for dogs.
Am.J.Trop.Med.Hyg. Vol: 20/3 Seite: 441-444.

133. Jaskoski, B. J., Barr, V., and Borges, M.; 1982:
Intestinal parasites of well-cared-for dogs: an area revisited. Am.J.Trop.Med.Hyg. Vol: 31/6 Seite: 1107-1110.

134. Jassies-van der, L. A., van, Z. Y., Kik, M., and Schoemaker, N.; 2009:
Successful treatment of sebaceous adenitis in a rabbit with ciclosporin and triglycerides.
Vet Dermatol. Vol: 20/1 Seite: 67-71.

135. Jensen, J. B. and Edgar, S. A.; 1978:
Fine structure of penetration of cultured cells by *Isospora canis* sporozoites.
J.Protozool. Vol: 25 Seite: 169-173.

136. Johnston, J. and Gasser, R. B.; 1993:
Copro-parasitological survey of dogs in Southern Victoria. Aust.Vet.Pract. Vol: 23 Seite: 127-131.

137. Jonas, D.; 1981:
Parasitologische Befunde bei Hunden und ihre Bedeutung für den Gesundheitszustand des Menschen.
Prakt.Tierarzt Vol: 62 Seite: 1045-1052.

138. Jung, O.; 1999:
Untersuchungen zur Wirkung von Pfefferminzöl, Kümmelöl und Miglyol auf die gastrale und duodenale Motilität.
Ruhr-Univ. Bochum, Diss.

139. Junker, K. and Houwers, D. J.; 2000:
[Diarrhea, pup mortality and *Cystoisospora* species (coccidiosis).].
Abstract, Artikel in Niederländisch
Tijdschr.Diergeneeskd. Vol: 125/19 Seite: 582-584.

140. Katagiri, S. and Oliveira-Sequeira, T. C.; 2008:
Prevalence of dog intestinal parasites and risk perception of zoonotic infection by dog owners in Sao Paulo State, Brazil.
Zoonoses.Public Health Vol: 55/8-10 Seite: 406-413.

141. Kawakami, K., Yoshikawa, T., Hayashi, T., Nishihara, Y., and Masuda, K.; 2002a:
Microemulsion formulation for enhanced absorption of poorly soluble drugs. II. In vivo study.
J.Control Release Vol: 81/1-2 Seite: 75-82.

142. Kawakami, K., Yoshikawa, T., Moroto, Y., Kanaoka, E., Takahashi, K., Nishihara, Y., and Masuda, K.; 2002b:
Microemulsion formulation for enhanced absorption of poorly soluble drugs. I. Prescription design.
J.Control Release Vol: 81/1-2 Seite: 65-74.

143. Kirkova, Z., Gerorgieva, D., and Raychev, E.; 2006:
Study on the prevalence of trichurosis in different categories of dogs and wild carnivores.
Bulgarian Journal of Veterinary Medicine Vol: 9/2 Seite: 141-147.

144. Kirkpatrick, C. E. and Dubey, J. P.; 1987: Enteric coccidial infections. *Isospora*, *Sarcocystis*, *Cryptosporidium*, *Besnoitia* and *Hammondia*.
Vet.Clin.North Am.Small Anim Pract. Vol: 17/6 Seite: 1405-1420.

145. Kloch, A. and Bajer, A.; 2003:
[Helminths of wolves (*Canis lupus*) from south Mazurian Lakeland, a coprological study].
Abstract, Artikel in Polnisch
Wiad.Parazytol. Vol: 49/3 Seite: 301-305.

146. Kloch, A., Bednarska, M., and Bajer, A.; 2005:
Intestinal macro- and microparasites of wolves (*Canis lupus* L.) from north-eastern Poland recovered by coprological study. Ann.Agric.Environ.Med. Vol: 12/2 Seite: 237-245.

147. Krijgsman, B. J.; 1926:
Wie werden im Intestinaltractus des Wirtstieres die Sporozoiten der Coccidien aus ihren Hüllen befreit?
Arch.Protist. Vol: 4 Seite: 116-127.

148. Kuhnert, Y., Schmaschke, R., and Daugschies, A.; 2006:
Vergleich verschiedener Verfahren zur Untersuchung von Saugferkelkot auf *Isospora suis*
Berl Munch.Tierarztl.Wochenschr. Vol: 119/7-8 Seite: 282-286.

149. Kutzer, E. and Hinaidy, H. K.; 1971:
Die Parasiten der Wildschweine.
Z.Parasitenkd. Vol: 35/3 Seite: 205-217.

150. Ladas, S. D., Isaacs, P. E., Murphy, G. M., and Sladen, G. E.; 1984: Comparison of the effects of medium and long chain triglyceride containing liquid meals on gall bladder and small intestinal function in normal man.
Gut.Vol: 25/4 Seite: 405-411.

151. Lainson, R., Da Silva, F. M., Franco, C. M., and De Souza, M. C.; 2008:
New species of *Eimeria* and *Isospora* (Protozoa: Eimeriidae) in *Geochelone* spp. (Chelonia: Testudinidae) from Amazonian Brazil.
Parasite Vol: 15/4 Seite: 531-538.

152. le Nobel, W. E., Robben, S. R., Dopfer, D., Hendrikx, W. M., Boersema, J. H., Fransen, F., and Eysker, M.; 2004:
[Infections with endoparasites in dogs in Dutch animal shelters].
Abstract, Artikel in Niederländisch
Tijdschr.Diergeneeskd. Vol: 129/2 Seite: 40-44.

153. LeBlanc, C. J., Dietrich, M. A., Horohov, D. W., Bauer, J. E., Hosgood, G., and Mauldin, G. E.; 2007:
Effects of dietary fish oil and vitamin E supplementation on canine lymphocyte proliferation evaluated using a flow cytometric technique.
Vet Immunol.Immunopathol. Vol: 119/3-4 Seite: 180-188.

154. Lee, C. D.; 1934:
The pathology of coccidiosis in the dog.
J.Am.Vet.Med.Assoc. Vol: 85 Seite: 760-781.

155. Leinwand, I., Kilpatrick, A. M., Cole, N., Jones, C. G., and Daszak, P.; 2005:
Patterns of coccidial prevalence in lizards of Mauritius.
J.Parasitol. Vol: 91/5 Seite: 1103-1108.

156. Lepp, D. L. and Todd, K. S., Jr.; 1974:
Life cycle of *Isospora canis* Nemeseri, 1959 in the dog.
J.Protozool. Vol: 21/2 Seite: 199-206.

157. Lepp, D. L. and Todd, K. S., Jr.; 1976:
Sporogony of the oocysts of *Isospora canis*.
Trans.Am.Microsc.Soc. Vol: 95/1 Seite: 98-103.

158. Levine, N. D.; 1973:
Protozoan Parasites of Domestic Animals and of Man.
Burgees Verlag, Minneapolis

159. Levine, N. D.; 1988:
Progress in taxonomy of the Apicomplexan protozoa.
J.Protozool. Vol: 35/4 Seite: 518-520.

160. Levine, N. D., Corliss, J. O., Cox, F. E., Deroux, G., Grain, J., Honigberg, B. M., Leedale, G. F., Loeblich, A. R., III, Lom, J., Lynn, D., Merinfeld, E. G., Page, F. C., Poljansky, G., Sprague, V., Vavra, J., and Wallace, F. G.; 1980:
A newly revised classification of the protozoa.
J.Protozool. Vol: 27/1 Seite: 37-58.

161. Levine, N. D. and Ivens, V.; 1965:
Isospora species in the dog.
J.Parasitol. Vol: 51/5 Seite: 859-864.

162. Levine, N. D. and Ivens, V.; 1981:
The coccidian parasites (Protozoa, Apicomplexa) of carnivores. Illinois Biol.Monographs Vol: 51

163. Lindsay, D. S. and Blagburn, B. L.; 1991:
Coccidial parasites of cats and dogs.
Compend.Contin.Educ.Pract.Vet. Vol: 13 Seite: 759-765.

164. Lindsay, D. S. and Blagburn, B. L.; 1994:
Biology of mammalian *Isospora*.
Parasitol.Today Vol: 10/6 Seite: 214-220.

165. Lindsay, D. S. and Blagburn, B. L.; 1995:
Practical treatment and control of infections caused by canine gastrointestinal parasites.
Vet.Med. Vol: 90 Seite: 441-455.

166. Lindsay, D. S., Current, W. L., and Ernst, J. V.; 1982:
Sporogony of *Isospora suis* Biester, 1934 of swine.
J.Parasitol. Vol: 68/5 Seite: 861-865.

167. Lindsay, D. S., Dubey, J. P., and Blagburn, B. L.; 1997:
Biology of *Isospora* spp. from humans, nonhuman primates, and domestic animals.
Clin.Microbiol.Rev. Vol: 10/1 Seite: 19-34.

168. Lloyd, S. and Smith, J.; 2001:
Activity of toltrazuril and diclazuril against *Isospora* species in kittens and puppies.
Vet.Rec. Vol: 148/16 Seite: 509-511.

169. Loeveless, R. M. and Anderson, F. L.; 1975:
Experimental infection of coyotes with *Echinococcus granulosus*, *Isospora canis* and *Isospora rivolta*.
J.Parasitol. Vol: 61 Seite: 546-547.

170. Lopez, J., Abarca, K., Paredes, P., and Inzunza, E.; 2006:
[Intestinal parasites in dogs and cats with gastrointestinal symptoms in Santiago, Chile].
Abstract, Artikel in Spanisch
Rev.Med.Chil. Vol: 134/2 Seite: 193-200.

171. Löscher, W., Ungemach, F., and Kroker, R.; 1997:
Pharmakotherapie bei Haus- und Nutztieren
Antikokzidia. Seite: 371-377.
Parey Verlag, Stuttgart

172. Lynch, A. J., Duszynski, D. W., and Cook, J. A.; 2007:
Species of coccidia (Apicomplexa: Eimeriidae) infecting pikas from Alaska, U.S.A. and northeastern Siberia, Russia.
J.Parasitol. Vol: 93/5 Seite: 1230-1234.

173. MacIver, D. H., McNally, P. G., Ollerenshaw, J. D., Sheldon, T. A., and Heagerty, A. M.; 1990:
The effect of short chain fatty acid supplementation on membrane electrolyte transport and blood pressure.
J.Hum.Hypertens. Vol: 4/5 Seite: 485-490.

174. Mahrt, J. L.; 1967:
Endogenous stages of the life cycle of *Isospora rivolta* in the dog. J.Protozool. Vol: 14/4 Seite: 754-759.

175. Malm, K.; 1996:
Regurgitation in relation to weaning in the domestic dog: a questionnaire study.
Applied Animal Behaviour Science Vol: 43/2 Seite: 111-122.

176. Markus, M. B.; 1976:
A term for extraintestinal stages of mammalian *Isospora* (Protozoa, Coccidia, Eimeriidae).
S.Afr.J.Sci. Vol: 72 Seite: 220-220.

177. Markus, M. B.; 1980:
Flies as natural transport hosts of *Sarcocystis* and other coccidia. J.Parasitol. Vol: 66/2 Seite: 361-362.

178. Martinaud, G., Billaudelle, M., and Moreau, J.; 2008:
Circadian variation in shedding of the oocysts of *Isospora turdi* (Apicomplexa) in blackbirds (Turdusmerula): An adaptative trait against desiccation and ultraviolet radiation.
Int.J.Parasitol. Vol: 39/6 Seite: 735-739

179. Martinez-Carrasco, C., Berriatua, E., Garijo, M., Martinez, J., Alonso, F. D., and de Ybanez, R. R.; 2007:
Epidemiological study of non-systemic parasitism in dogs in southeast Mediterranean Spain assessed by coprological and post-mortem examination.
Zoonoses.Public Health Vol: 54/5 Seite: 195-203.

180. Martinez-Moreno, F. J., Hernandez, S., Lopez-Cobos, E., Becerra, C., Acosta, I., and Martinez-Moreno, A.; 2007:
Estimation of canine intestinal parasites in Cordoba (Spain) and their risk to public health.
Vet.Parasitol. Vol: 143/1 Seite: 7-13.

181. Matulka, R. A., Thompson, D. V., and Burdock, G. A.; 2009a:
Lack of toxicity by medium chain triglycerides (MCT) in canines during a 90-day feeding study.
Food Chem.Toxicol. Vol: 47/1 Seite: 35-39.

182. McAllister, C. T. and Upton, S. J.; 2009:
Two new species of *Eimeria* (Apicomplexa: Eimeriidae) from eastern red bats, *Lasiurus borealis* (Chiroptera: Vespertilionidae), in Arkansas and North Carolina.
J.Parasitol. Vol: 97 Seite: 727-730.

183. McKenna, P. B. and Charleston, W. A.; 1980:
Coccidia (Protozoa: Sporozoasida) of cats and dogs. IV. Identity and prevalence in dogs.
N.Z.Vet.J. Vol: 28/7 Seite: 128-130.

184. Mech, L. D. and Kurtz, H. J.; 1999:
First Record of Coccidiosis in Wolves, *Canis lupus*.
The Canadian Field-Naturalist Vol: 113 Seite: 305-306.

185. Mehlhorn, H.; 2008:
Encyclopedic reference of Parasitology. Auflage 2
Springer Verlag, Berlin

186. Mehlhorn, H., Düwel, D., and Raether, W.; 1993:
Diagnose und Therapie der Parasiten von Haus, Nutz- und Heimtieren. Auflage 2
Enke Verlag, Stuttgart

187. Mehlhorn, H., Schmahl, G., and Haberkorn, A.; 1988:
Toltrazuril effective against a broad spectrum of protozoan parasites. Parasitol.Res. Vol: 75/1 Seite: 64-66.

188. Meyer, C., Joachim, A., and Daugschies, A.; 1999:
Occurrence of *Isospora suis* in larger piglet production units and on specialized piglet rearing farms.
Vet Parasitol. Vol: 82/4 Seite: 277-284.

189. Miles, J. M., Cattalini, M., Sharbrough, F. W., Wold, L. E., Wharen, R. E., Jr., Gerich, J. E., and Haymond, M. W.; 1991:
Metabolic and neurologic effects of an intravenous medium-chain triglyceride emulsion.
JPEN J.Parenter. nteral Nutr. Vol: 15/1 Seite: 37-41.

190. Mirzayans, A., Eslami, A. H., Anwar, M., and Sanjar, M.; 1972:
Gastrointestinal parasites of dogs in Iran.
Trop.Anim Health Prod. Vol: 4/1 Seite: 58-60.

191. Mitchell, S. M., Zajac, A. M., Charles, S., Duncan, R. B., and Lindsay, D. S.; 2007:
Cystoisospora canis Nemeseri, 1959 (syn. *Isospora canis*), infections in dogs: clinical signs, pathogenesis, and reproducible clinical disease in beagle dogs fed oocysts.
J.Parasitol. Vol: 93/2 Seite: 345-352.

192. Mitchell, S. M., Zajac, A. M., and Lindsay, D. S.; 2009:
Development and ultrastructure of *Cystoisospora canis* Nemeseri, 1959 (syn. *Isospora canis*) monozoitc cysts in two non-canine cell lines.
J.Parasitol. Seite: 1-12

193. Modry, D., Daszak, P., Volf, J., Vesely, M., Ball, S. J., and Koudela, B.; 2001a:
Five new species of coccidia (Apicomplexa: Eimeriidae) from Madagascan chameleons (Sauria: Chamaeleonidae).
Syst.Parasitol. Vol: 48/2 Seite: 117-123.

194. Modry, D. and Jirku, M.; 2006:
Three new species of coccidia (Apicomplexa: Eimeriorina) from the Marble-throated skink, *Marmorosphax tricolor* Bavay, 1869 (Reptilia: Scincidae), endemic to New Caledonia with a taxonomic revision of *Eimeria* spp. from scincid hosts.
Parasitol.Res. Vol: 99/4 Seite: 419-428.

195. Modry, D., Jirku, M., and Vesely, M.; 2004:
Two new species of *Isospora* (Apicomplexa: Eimeriidae) from geckoes of the genus *Rhacodactylus* (Sauria: Gekkonidae) endemic to New Caledonia.
Folia Parasitol.(Praha) Vol: 51/4 Seite: 283-286.

196. Modry, D., Slapeta, J. R., Jirku, M., Obornik, M., Lukes, J., and Koudela, B.; 2001b:
Phylogenetic position of a renal coccidium of the European green frogs, '*Isospora lieberkuehni* Labbe, 1894 (Apicomplexa: Sarcocystidae) and its taxonomic implications.
Int.J.Syst.Evol.Microbiol. Vol: 51/Pt 3 Seite: 767-772.

197. Moks, E., Jogisalu, I., Saarma, U., Talvik, H., Jarvis, T., and Valdmann, H.; 2006:
Helminthologic survey of the wolf (*Canis lupus*) in Estonia, with an emphasis on *Echinococcus granulosus*.
J.Wildl.Dis. Vol: 42/2 Seite: 359-365.

198. Mundt, H. C., Cohnen, A., Daugschies, A., Joachim, A., Prosl, H., Schmaschke, R., and Westphal, B.; 2005:
Occurrence of *Isospora suis* in Germany, Switzerland and Austria.
J.Vet Med.B Infect.Dis.Vet Public Health Vol: 52/2 Seite: 93-97.

199. Mundt, H. C., Daugschies, A., Wustenberg, S., and Zimmermann, M.; 2003:
Studies on the efficacy of toltrazuril, diclazuril and sulphadimidine against artificial infections with *Isospora suis* in piglets.
Parasitol.Res. Vol: 90 Suppl 3 Seite: S160-S162.

200. Mundt, H. C., Joachim, A., Becka, M., and Daugschies, A.; 2006: *Isospora suis*: an experimental model for mammalian intestinal coccidiosis.
Parasitol.Res. Vol: 98/2 Seite: 167-175.

201. Mundt, H. C., Mundt-Wustenberg, S., Daugschies, A., and Joachim, A.; 2007:
Efficacy of various anticoccidials against experimental porcine neonatal isosporosis.
Parasitol.Res. Vol: 100/2 Seite: 401-411.

202. Muraleedharan, K., Ziauddia, K. S., and Seshadi, S. J.; 1985:
A note on an isosporan oocyst recovered from a pup.
Indian Vet.J. Vol: 62 Seite: 1083-1085.

203. Nemeséri, L.; 1960:
Beiträge zur Ätiologie der Coccidiose der Hunde. I. *Isospora canis* sp. n. Acta Vet.Acad.Sci.Hung. Vol: 10 Seite: 95-99.

204. Nesvadba, J.; 1970:
Einfluß der Kokzidiose auf die Exterieurentwicklung junger Hunde.
Kleintierpraxis Vol: 15 Seite: 194-198.

205. Newman, C., Macdonald, D. W., and Anwar, M. A.; 2001:
Coccidiosis in the European badger, *Meles meles* in Wytham Woods: infection and consequences for growth and survival.
Parasitology Vol: 123/2 Seite: 133-142.

206. Niemand, H. G.; 1976:
Darmparasiten des Hundes und ihre Therapie.
Prakt.Tierarzt Vol: 5 Seite: 321-323.

207. Niestrath, M., Takla, M., Joachim, A., and Daugschies, A.; 2002: The role of *Isospora suis* as a pathogen in conventional piglet production in Germany.
J.Vet Med.B Infect.Dis.Vet Public Health Vol: 49/4 Seite: 176-180.

208. Oduye, O. O. and Bobade, P. A.; 1979:
Studies on an outbreak of intestinal coccidiosis in the dog.
J.Small Anim Pract. Vol: 20/3 Seite: 181-184.

209. Ohneda, A., Kobayashi, T., and Nihei, J.; 1984:
Characterization of response of gut GLI to fat ingestion in dogs. Horm.Metab Res. Vol: 16 Suppl 1 Seite: 105-109.

210. Oliveira-Sequeira, T. C., Amarante, A. F., Ferrari, T. B., and Nunes, L. C.; 2002:
Prevalence of intestinal parasites in dogs from Sao Paulo State, Brazil. Vet.Parasitol. Vol: 103/1-2 Seite: 19-27.

211. Olson, M. E.; 1985:
Coccidiosis Caused by *Isospora ohioensis*-like Organisms in Three Dogs.
Can.Vet.J. Vol: 26/3 Seite: 112-114.

212. Onaga, H., Kawahara, F., Umeda, K., and Nagai, S.; 2005:
Field basis evaluation of *Eimeria necatrix*-specific enzyme-linked immunosorbent assay (ELISA) for its utility in detecting antibodies elicited by vaccination in chickens.
J.Vet.Med.Sci. Vol: 67/9 Seite: 947-949.

213. Palin, K. J. and Wilson, C. G.; 1984:
The effect of different oils on the absorption of probucol in the rat. J.Pharm.Pharmacol. Vol: 36/9 Seite: 641-643.

214 Palin, K. J., Wilson, C. G., Davis, S. S., and Phillips, A. J.; 1982:
The effect of oils on the lymphatic absorption of DDT. J.Pharm.Pharmacol. Vol: 34/11 Seite: 707-710.

215. Palmer, C. S., Thompson, R. C., Traub, R. J., Rees, R., and Robertson, I. D.; 2008:
National study of the gastrointestinal parasites of dogs and cats in Australia.
Vet.Parasitol. Vol: 151/2-4 Seite: 181-190.

216. Papazahariadou, M., Founta, A., Papadopoulos, E., Chliounakis, S., ntoniadou-Sotiriadou, K., and Theodorides, Y.; 2007:
Gastrointestinal parasites of shepherd and hunting dogs in the Serres Prefecture, Northern Greece.
Vet.Parasitol. Vol: 148/2 Seite: 170-173.

217. Pelledry, L. P.; 1974:
Coccidia and Cooccidioses.
Parey Verlag, Stuttgart

218. Penzhorn, B. L., De Cramer, K. G., and Booth, L. M.; 1992:
Coccidial infection in German shepherd dog pups in a breeding unit. J.S.Afr.Vet.Assoc. Vol: 63/1 Seite: 27-29.

219. Penzhorn, B. L., Knapp, S. E., and Speer, C. A.; 1994:
Enteric coccidia in free-ranging American bison (*Bison bison*) in Montana.
J.Wildl.Dis. Vol: 30/2 Seite: 267-269.

220. Perez, C. G., Hitos, P. A., Romero, D., Sanchez, M. M., Pontes, A., Osuna, A., and Rosales, M. J.; 2008:
Intestinal parasitism in the animals of the zoological garden "Pena Escrita" (Almunecar, Spain).
Vet.Parasitol. Vol: 156/3-4 Seite: 302-309.

221. Perlman, M. E., Murdande, S. B., Gumkowski, M. J., Shah, T. S., Rodricks, C. M., Thornton-Manning, J., Freel, D., and Erhart, L. C.; 2008: Development of a self-emulsifying formulation that reduces the food effect for torcetrapib.
Int.J.Pharm. Vol: 351/1-2 Seite: 15-22.

222. Piekarski, G.; 1989:
Medical Parasitology.
Springer Verlag, Berlin

223. Pinckney, R. D., Lindsay, D. S., Toivio-Kinnucan, M. A., and Blagburn, B. L.; 1993:
Ultrastructure of *Isospora suis* during excystation and attempts to demonstrate extraintestinal stages in mice.
Vet Parasitol. Vol: 47/3-4 Seite: 225-233.

224. Polozowski, A., Zielinski, J., and Zielinski, E.; 2007:
Influence of breed conditions on presence of internal parasites in swine in small-scale management .
Electronic Journal of Polish Agricultural Universities Vol: 8/1

225. Popiolek, M., Szczesnaa, J., Nowaka, S., and Myslajeka, R. W.; 2007:
Helminth infections in faecal samples of wolves *Canis lupus* L. from the western Beskidy Mountains in southern Poland.
J.Helminthol. Vol: 81/4 Seite: 339-344.

226. Porter, C. J. H., Charman, S. A., Williams, R. D., Bakalova, M. V., and Charman, W. N.; 1996:
Evaluation of emulsifiable glasses for the oral administration of cyclosporin in beagle dogs.
Int.J.Pharm. Vol: 141 Seite: 227-237.

227. Porter, C. J. H., Kaukonen, A. M., Boyd, B. J., Edwards, G. A., and Charman, W. N.; 2004:
Susceptibility to Lipase-Mediated Digestion Reduces the Oral Bioavailability of Danazol After Administration as a Medium-Chain Lipid-Based Microemulsion Formulation.
Pharmaceutical Research Vol: 21/8 Seite: 1405-1412.

228. Pötters, U.; 1978:
Untersuchungen über die Häufigkeit von Kokzidien-Oozysten und Sporozysten (Eimeriidae,. Toxoplasmidae, Sarcocystidae) in den Fäces von Karnivoren.
Hannover, Tierärztl. Hochsch., Diss.

229. Prasad, H.; 1961:
A new species of *Isospora* from the fennec fox *Fennecus zerda* Zimmermann.
Z.Parasitenkd. Vol: 21 Seite: 130-135.

230. Ramirez-Barrios, R. A., Barboza-Mena, G., Munoz, J., ngulo-Cubillan, F., Hernandez, E., Gonzalez, F., and Escalona, F.; 2004:
Prevalence of intestinal parasites in dogs under veterinary care in Maracaibo, Venezuela.
Vet.Parasitol. Vol: 121/1-2 Seite: 11-20.

231. Randshawa, S. S., Juval, P. D., and Karla, I. S.; 1997:
Clinical isosporosis in a racer greyhound dog.
Indian Vet.J. Vol: 74 Seite: 413-414.

232. Reinemeyer, C. R., Lindsay, D. S., Mitchell, S. M., Mundt, H. C., Charles, S., Arther, R. G., and Settji, T. J.; 2007:
Development of Experimental *Cystoisospora canis* Infection Models in Beagle Puppies and Efficacy Evaluation of 5 % Ponazuril (Toltrazuril sulfone) Oral Suspension.
Parasitol.Res. Vol: 101 Seite: 129-136.

233. Rinaldi, L., Biggeri, A., Carbone, S., Musella, V., Catelan, D., Veneziano, V., and Cringoli, G.; 2006:
Canine faecal contamination and parasitic risk in the city of Naples (southern Italy).
BMC.Vet.Res. Vol: 2 Seite: 29-

234. Roberts, W. L., Mahrt, J. L., and Hammond, D. M.; 1972:
The fine structure of the sporozoites of *Isospora canis*.
Z.Parasitenkd. Vol: 40/3 Seite: 183-194.

235. Rolan, P. E., Mercer, A. J., Weatherley, B. C., Holdich, T., Meire, H., Peck, R. W., Ridout, G., and Posner, J.; 1994:
Examination of some factors responsible for a food-induced increase in absorption of atovaquone.
Br.J.Clin.Pharmacol. Vol: 37/1 Seite: 13-20.

236. Rommel, M.; 1975:
Neue Erkenntnisse zur Biologie der Kokzidien, Toxoplasmen, Sarkosporidien und Besnoitien.
Berl Munch.Tierarztl.Wochenschr. Vol: 88/6 Seite: 112-117.

237. Rommel, M.; 1978:
Vergleichende Darstellung der Entwicklungsbiologie der Gattungen Sarcocystis, Frenkelia, Isospora, Cystoisospora, Hammondia, Toxoplasma und Besnoitia.
Z.Parasitenkd. Vol: 57/3 Seite: 269-283.

238. Rommel, M., Eckert, J., Kutzer, E., Boch, E., and Supperer, R.; 2000:
Veterinärmedizinische Parasitologie.
Protozoeninfektion bei Hund und Katze Seite: 505-508
Parey Verlag; Auflage: 6., Stuttgart

239. Rommel, M., Schnieder, T., Westerhoff, J., Krause, H. D., and Stoye, M.; 1986:
The use of toltrazuril-medicated food to prevent the development of Isospora and Toxoplasma oocysts in dogs and cats.
Symp.Biol.Hung. Vol: 33 Seite: 445-449.

240. Rommel, M. and Zielasko, B.; 1981:
Untersuchungen über den Lebenszyklus von Isospora burrowsi (Trayser und Todd, 1978) aus dem Hund.
Berl Munch.Tierarztl.Wochenschr. Vol: 94/5 Seite: 87-90.

241. Saetre, P., Lindberg, J., Leonard, J. A., Olsson, K., Pettersson, U., Ellegren, H., Bergstrom, T. F., Vila, C., and Jazin, E.; 2004:
From wild wolf to domestic dog: gene expression changes in the brain. Brain Res.Mol.Brain Res. Vol: 126/2 Seite: 198-206.

242. Sager, H., Moret, C. S., Muller, N., Staubli, D., Esposito, M., Schares, G., Hassig, M., Stark, K., and Gottstein, B.; 2006:
Incidence of Neospora caninum and other intestinal protozoan parasites in populations of Swiss dogs.
Vet.Parasitol. Vol: 139/1-3 Seite: 84-92.

243. Samarasinghe, B., Johnson, J., and Ryan, U.; 2008:
Phylogenetic analysis of Cystoisospora species at the rRNA ITS1 locus and development of a PCR-RFLP assay.
Exp.Parasitol. Vol: 118/4 Seite: 592-595.

244. Savini, G., Dunsmore, J. D., and Robertson, I. D.; 1993:
A survey of Western Australian dogs for Sarcocystis spp and other intestinal parasites.
Aust.Vet J. Vol: 70/7 Seite: 275-276.

245. Schawalder, P.; 1976:
Epidemiologische Aspekte der Darmparasitenfauna des Hundes. Schweiz.Arch.Tierheilk. Vol: 118 Seite: 203-216.

246. Schneider, D., Ayeni, A. O., and Dürr, U.; 1972:
Sammelrefarat: Zur physikalischen Resistenz der Kokzidienoocysten. Dtsch.Tierarztl.Wochenschr. Vol: 79 Seite: 545-572.

247. Schnieder, T.; 2006:
Veterinärmedizinische Parasitologie.
Parey Bei Mvs Verlag; Auflage: 6., Stuttgart

248. Schroeder, G. E. and Smith, G. A.; 1995:
Bodyweight and feed intake of German shepherd bitches during pregnancy and lactation.
J.Small Anim Pract. Vol: 36/1 Seite: 7-11.

249. Schütze, H. R. and Kraft, W.; 1979:
Endo- und Ektoparasiten von Hund und Katze, Diagnose und Therapie. Prakt.Tierarzt Vol: 60 Seite: 56-64.
250. Seah, S. K., Hucal, G., and Law, C.; 1975:
Dogs and intestinal parasites: a public health problem. Can.Med.Assoc.J. Vol: 112/10 Seite: 1191-1194.

251. Seeliger, U.; 1999:
Feldstudie zur Epidemiologie und Bekämpfung der Isosporose des Hundes.
Hannover, Tierärztl. Hochsch., Diss.

252. Segovia, J. M., Guerrero, R., Torres, J., Miquel, J., and Feliu, C.; 2003:
Ecological analyses of the intestinal helminth communities of the wolf, Canis lupus, in Spain.
Folia Parasitol.(Praha) Vol: 50/3 Seite: 231-236.

253. Segovia, J. M., Torres, J., Miquel, J., Llaneza, L., and Feliu, C.; 2001:
Helminths in the wolf, Canis lupus, from north-western Spain. J.Helminthol.
Vol: 75/2 Seite: 183-192.

254. Seiler, M., Eckert, J., and Wolff, K.; 1983:
Giardia und andere Darmparasiten bei Hund und Katze in der Schweiz. Schweiz.Arch.Tierheilk. Vol: 125 Seite: 137-148.

255. Sellers, R. S., Antman, M., Phillips, J., Khan, K. N., and Furst, S. M.; 2005:
Effects of miglyol 812 on rats after 4 weeks of gavage as compared with methylcellulose/tween 80.
Drug Chem.Toxicol. Vol: 28/4 Seite: 423-432.

256. Shah, H. L.; 1970:
Isospora species of the cat and attempted transmission of I. felis Wenyon, 1923 from the cat to the dog.
J.Protozool. Vol: 17/4 Seite: 603-609.

257. Shimura, K.; 1990:
Studies on cyst-forming isosporid coccidia.
Bull.Nippon Vet.Anim.Sci.Univ. Vol: 39 Seite: 133-135.

258. Siegel, M., Krantz, B., and Lebenthal, E.; 1985:
Effect of fat and carbohydrate composition on the gastric emptying of isocaloric feedings in premature infants.
Gastroenterology Vol: 89/4 Seite: 785-790.

259. Silva, D. A., Lobato, J., Mineo, T. W., and Mineo, J. R.; 2007:
Evaluation of serological tests for the diagnosis of Neospora caninum infection in dogs: optimization of cut off titers and inhibition studies of cross-reactivity with Toxoplasma gondii.
Vet.Parasitol. Vol: 143/3-4 Seite: 234-244.

260. Singhania, R. U., Bansal, A., and Sharma, J. N.; 1989:
Fortified high calorie human milk for optimal growth of low birth weight babies.
J.Trop.Pediatr. Vol: 35/2 Seite: 77-81.

261. Skirnisson, K., Eydal, M., Gunnarsson, E., and Hersteinsson, P.; 1993:
Parasites of the arctic fox (Alopex lagopus) in Iceland.
J.Wildl.Dis. Vol: 29/3 Seite: 440-446.

262. Sloboda, M. and Modry, D.; 2006:
New species of Choleoeimeria (Apicomplexa: Eimeriidae) from the veiled chameleon, Chamaeleo calyptratus (Sauria: Chamaeleonidae), with taxonomic revision of eimerian coccidia from chameleons.
Folia Parasitol.(Praha) Vol: 53/2 Seite: 91-97.

263. Smith, Y. and Kok, O. B.; 2006:
Faecal helminth egg and oocyst counts of a small population of African lions (Panthera leo) in the southwestern Kalahari, Namibia. Onderstepoort
J.Vet.Res. Vol: 73/1 Seite: 71-75.

264. Sotiraki, S., Roepstorff, A., Nielsen, J. P., Maddox-Hyttel, C., Enoe, C., Boes, J., Murrell, K. D., and Thamsborg, S. M.; 2008:
Population dynamics and intra-litter transmission patterns of *Isospora suis* in suckling piglets under on-farm conditions.
Parasitology Vol: 135/3 Seite: 395-405.

265. Speer, C. A., Hammond, D. M., Mahrt, J. L., and Roberts, W. L.; 1973:
Structure of the oocyst and sporocyst walls and excystation of sporozoites of *Isospora canis*.
J.Parasitol. Vol: 59/1 Seite: 35-40.

266. Stamm, B., Mirkovitch, V., Winistorfer, B., Robinson, J. W., and Ozzello, L.; 1974:
Regeneration and functional recovery of canine intestinal mucosa following injury caused by formalin.
Virchows Arch.B Cell Pathol. Vol: 17/2 Seite: 137-148.

267. Stehr-Green, J. K., Murray, G., Schantz, P. M., and Wahlquist, S. P.; 1987:
Intestinal parasites in pet store puppies in Atlanta.
Am.J.Public Health Vol: 77/3 Seite: 345-346.

268. Stephen, B., Rommel, M., Daugschies, A., and Haberkorn, A.; 1997:
Studies of resistance to anticoccidials in *Eimeria* field isolates and pure *Eimeria* strains.
Vet.Parasitol. Vol: 69/1-2 Seite: 19-29.

269. Stiles, C. W.; 1891:
Note prelimineire sur quelque parasites.
Bull.Soc.Zool.Fr Vol: 16 Seite: 163-166.

270. Straberg, E. and Daugschies, A.; 2007:
Control of piglet coccidiosis by chemical disinfection with a cresol-based product (Neopredisan 135-1).
Parasitol.Res. Vol: 101/3 Seite: 599-604.

271. Streitel, R. H. and Dubey, J. P.; 1976:
Prevalence of Sarcocystis infection and other intestinal parasitisms in dogs from a humane shelter in Ohio.
J.Am.Vet.Med.Assoc. Vol: 168/5 Seite: 423-424.

272. Sunnotel, O., Lowery, C. J., Moore, J. E., Dooley, J. S., Xiao, L., Millar, B. C., Rooney, P. J., and Snelling, W. J.; 2006:
Cryptosporidium.
Lett.Appl.Microbiol. Vol: 43/1 Seite: 7-16.

273. Supperer, R.; 1973:
Wissenswertes aus dem Gebiet der Parasitologie.
Med.Lab (Stuttg) Vol: 26/4 Seite: 77-83.

274. Svobodova, V., Svoboda, M., and Novole, M.; 1984:
[Incidence of coccidia in dogs in Brno and the surrounding area].
Abstract, Artikel in Tschechisch
Vet.Med.(Praha) Vol: 29/10 Seite: 627-632.

275. Tadros, W. and Laarman, J. J.; 1976:
Sarcocystis and related coccidian parasites: a brief general review, together with a discussion on some biological aspects of their life cycles and a new proposal for their classification.
Acta Leiden Vol: 44 Seite: 1-107.

276. Tanchoco, C. C., Cruz, A. J., Rogaccion, J. M., Casem, R. S., Rodriguez, M. P., Orense, C. L., and Hermosura, L. C.; 2007:
Diet supplemented with MCT oil in the management of childhood diarrhea.
Asia Pac.J.Clin.Nutr. Vol: 16/2 Seite: 286-292.

277. Thornton, J. E., Bell, R. R., and Reardon, M. J.; 1974:
Internal parasites of coyotes in southern Texas.
J.Wildl.Dis. Vol: 10/3 Seite: 232-236.

278. Tiyo, R., Guedes, T. A., Falavigna, D. L., and Falavigna-Guilherme, A. L.; 2008:
Seasonal contamination of public squares and lawns by parasites with zoonotic potential in southern Brazil.
J.Helminthol. Vol: 82/1 Seite: 1-6.

279. Todd, U. S. and Ernst, J. V.; 1979:
Coccidia of mammals except man.
Protozoa: gregarines, haemogregarines, coccidia, plasmodia, and haemoproteids. Vol: 3 Seite: 71-99
Kreier, J. P., New York Academic Press

280. Toyama, T., Tsunoda, K., and Fujita, J.; 1982:
Excystation of *Isospora felis* oocysts and *I. ohioensis* sporocysts in vitro. Nippon Juigaku.Zasshi Vol: 44/6 Seite: 971-973.

281. Trachta e Silva EA, Literak, I., and Koudela, B.; 2006:
Three new species of *Isospora* Schneider, 1881 (Apicomplexa: Eimeriidae) from the lesser seed-finch, *Oryzoborus angolensis* (Passeriformes: Emberizidae) from Brazil.
Mem.Inst.Oswaldo Cruz Vol: 101/5 Seite: 573-576.

282. Trangerud, C., Grondalen, J., Indrebo, A., Tverdal, A., Ropstad, E., and Moe, L.; 2007:
A longitudinal study on growth and growth variables in dogs of four large breeds raised in domestic environments.
J.Anim Sci. Vol: 85/1 Seite: 76-83.

283. Traub, R. J., Robertson, I. D., Irwin, P., Mencke, N., and Thompson, R. C.; 2002:
The role of dogs in transmission of gastrointestinal parasites in a remote tea-growing community in northeastern India.
Am.J.Trop.Med.Hyg. Vol: 67/5 Seite: 539-545.

284. Traul, K. A., Driedger, A., Ingle, D. L., and Nakhasi, D.; 2000:
Review of the toxicologic properties of medium-chain triglycerides.
Food Chem.Toxicol. Vol: 38/1 Seite: 79-98.

285. Trayser, C. V. and Todd, K. S., Jr.; 1978:
Life cycle of *Isospora burrowsi* n sp (Protozoa: Eimeriidae) from the dog *Canis familiaris*.
Am.J.Vet.Res. Vol: 39/1 Seite: 95-98.

286. Tsang, C. L. and Lee, C. D.; 1975:
Studies on the preventive and therapeutic effects of antiserum against *Isospora felis* infection in puppies.
J.Chin.Soc.vet.Sc. Vol: 137.

287.Tung, K. C., Liu, J. S., Cheng, F. P., Yang, C. H., Tu, W. C., Wang, K. S., Shyu, C. L., Lai, C. H., Chou, C. C., and Lee, W. M.; 2007:
Study on the species-specificity of *Isospora michaelbakeri* by experimental infection.
Acta Vet Hung. Vol: 55/1 Seite: 77-85.

288.Unruh, D. H., King, J. E., Eaton, R. D., and Allen, J. R.; 1973:
Parasites of dogs from Indian settlements in northwestern Canada: a survey with public health implications.
Can.J.Comp Med. Vol: 37/1 Seite: 25-32.

289. Usarova, E. I.; 2008:
[*Eimeria* of cattle in the Republic of Dagestan].
Abstract, Artikel in Russisch
Parazitologiia Vol: 42/3 Seite: 240-242.

290. Vanparijs, O., Hermans, L., and van der, F. L.; 1991:
Helminth and protozoan parasites in dogs and cats in Belgium. Vet.Parasitol. Vol: 38/1 Seite: 67-73.

291. Vazquez, V. F., Gonzalez, L. A., Gutierrez Gonzalez, M. J., Fernandez, M. A., and Llaneza Llaneza, J. J.; 1989:
[Intestinal parasitosis of the canine population in the principate of Asturias].
Abstract, Artikel in Spanisch
Rev.Sanid.Hig.Publica (Madr.) Vol: 63/5-6 Seite: 49-61.

292. Vertommen, M. H., Peek, H. W., and van der, L. A.; 1990:
Efficacy of toltrazuril in broilers and development of a laboratory model for sensitivity testing of *Eimeria* field isolates.
Vet.Q. Vol: 12/3 Seite: 183-192.

293. Veterinärmedizinischer Informationsdienst für Arzneimittelanwendung, T. u. A.; 2009:
vetidata
[Online im Internet] URL: http://139.18.70.138/index.php
[Stand: 24. 07. 2009]

294. Vila, C., Savolainen, P., Maldonado, J. E., Amorim, I. R., Rice, J. E., Honeycutt, R. L., Crandall, K. A., Lundeberg, J., and Wayne, R. K.; 1997: Multiple and ancient origins of the domestic dog.
Science Vol: 276/5319 Seite: 1687-1689.

295. Visco, R. J., Corwin, R. M., and Selby, L. A.; 1977:
Effect of age and sex on the prevalence of intestinal parasitism in dogs. J.Am.Vet.Med.Assoc. Vol: 170/8 Seite: 835-837.

296. Vogt, R. and Weber, H.; 1973:
Kokzidiose der Fleischfresser und Einsatz von Amprolvet als spezifisches Kokzidiostatikum.
Prakt.Tierarzt Vol: 54 Seite: 444-445.

297. Wenyon, C. M.; 1923:
Coccidiosis of cats and dogs and the status of the *Isospora* of man. Ann.Trop.Med.Parasitol. Vol: 17 Seite: 231-288.

298. Wetzel, R.; 1951:
Verbesserte McMaster-Kammer zum Auszählen von Wurmeiern.
Tierärztliche Umschau Vol: 6 Seite: 209-210.

299. Williams, D. J., Davison, H. C., Helmick, B., McGarry, J., Guy, F., Otter, A., and Trees, A. J.; 1999:
Evaluation of a commercial ELISA for detecting serum antibody to *Neospora caninum* in cattle.
Vet.Rec. Vol: 145/20 Seite: 571-575.

300. Winkler, C., Frick, B., Schroecksnadel, K., Schennach, H., and Fuchs, D.; 2006:
Food preservatives sodium sulfite and sorbic acid suppress mitogen-stimulated peripheral blood mononuclear cells.
Food Chem.Toxicol. Vol: 44/12 Seite: 2003-2007.

301. Woolfrey, S. G., Palin, K. J., and Davis, S. S.; 1989:
The effect of Miglycol 812 oil on the oral absorption of propranolol in the rat.
J.Pharm.Pharmacol. Vol: 41/8 Seite: 579-581.

302. Yabsley, M. J., Keeler, S., Gibbs, S., McGraw, S., and Hernandez-Divers, S.; 2009:
New species of *Isospora* in the blue-crowned motmot (*Momotus momota*) from Costa Rica.
J.Parasitol. Vol: 26/1 Seite: 1-3

303. Yamamoto, N., Kon, M., Saito, T., Maeno, N., Koyama, M., Sunaoshi, K., Yamaguchi, M., Morishima, Y., and Kawanaka, M.; 2009:
[Prevalence of intestinal canine and feline parasites in Saitama Prefecture, Japan].
Abstract, Artikel in Japanisch
Kansenshogaku Zasshi Vol: 83/3 Seite: 223-228.

304. Zayed, A. A. and El-Ghaysh, A.; 1998:
Pig, donkey and buffalo meat as a source of some coccidian parasites infecting dogs.
Vet.Parasitol. Vol: 78/3 Seite: 161-168.

305. Zimen, E.; 2005:
Der Hund: Abstammung - Verhalten - Mensch und Hund.
Goldmann Verlag, Leipzig

Danksagung

An dieser Stelle möchte ich mich herzlich bedanken.....

Beim Zoologischen Forschungsmuseum Alexander Koenig, insbesondere bei Prof. Dr. Michael Schmitt, der diese Dissertation betreute und bei Prof. Dr. Wägele für die Übernahme des Zweitgutachtens.

Bei Dr. Klemens Krieger, Leitung der Abteilung Parasitologie der Firma Bayer Animal Health GmbH für die Einbindung in seine Abteilung und für die Unterstützung meiner Arbeit.

Bei der Firma Bayer Animal Health GmbH für die Überlassung der Forschungsmittel und die guten Arbeitsbedingungen.

Besonderer Dank gilt auch Dr. Gertraut Altreuter und Iris Schröder, sowie Dr. Thomas Bach, Dr. Janina Tänzler, Dr. Eva-Maria Krüdewagen und Franca Rödder, die mich bei der Durchführung der Versuche und der Versuchsplanung unterstützten.

Bei den Tierpflegern und Tierpflegerinnen der Bayer Animal Health GmbH für die gute Zusammenarbeit und das Versorgen der Mutterhündinnen und Welpen.

Bei den Laboranten, Praktikanten und Azubis der Bayer Animal Health GmbH, die mich bei der Durchführung meiner Versuche unterstützten.

Beim Institut für Parasitologie, Veterinärmedizinischen Universität Wien, insbesondere Frau Prof. Dr. Anja Joachim.

Bei Terry Settje und Jens Burkhard für die Unterstützung bei der statistischen Auswertung dieser Arbeit. Bei Jürgen Gasda für die Hilfestellung bei Computerproblemen und die Formatierung dieser Arbeit und bei Kerstin Tudge für die Unterstützung bei der Anfertigung des Summary.

Und natürlich bei den Versuchshunden meiner Studien, die inzwischen hoffentlich alle ein gutes zu Hause gefunden haben.

.

Die VDM Verlagsservicegesellschaft sucht für wissenschaftliche Verlage abgeschlossene und herausragende

Dissertationen, Habilitationen, Diplomarbeiten, Master Theses, Magisterarbeiten usw.

für die kostenlose Publikation als Fachbuch.

Sie verfügen über eine Arbeit, die hohen inhaltlichen und formalen Ansprüchen genügt, und haben Interesse an einer honorarvergüteten Publikation?

Dann senden Sie bitte erste Informationen über sich und Ihre Arbeit per Email an *info@vdm-vsg.de*.

Sie erhalten kurzfristig unser Feedback!

VDM Verlagsservicegesellschaft mbH
Dudweiler Landstr. 99   Telefon +49 681 3720 174
D - 66123 Saarbrücken   Fax   +49 681 3720 1749
www.vdm-vsg.de

Die VDM Verlagsservicegesellschaft mbH vertritt

Printed by Books on Demand GmbH, Norderstedt / Germany